经典文学名著
JINGDIAN WENXUE
MINGZHU

细菌世界历险记

XIJUN SHIJIE LIXIANJI

高士其　著

中国文联出版社

图书在版编目（CIP）数据

细菌世界历险记 / 高士其著. -- 北京：中国文联出版社，2023.3
ISBN 978-7-5190-5063-4

Ⅰ. ①细… Ⅱ. ①高… Ⅲ. ①细菌－儿童读物 Ⅳ. ①Q939.1-49

中国国家版本馆CIP数据核字（2023）第003483号

著　　者　高士其
责任编辑　陈若伟
责任校对　郑红峰
装帧设计　余　微

出版发行　中国文联出版社有限公司
社　　址　北京市朝阳区农展馆南里 10 号　　邮编　100125
电　　话　010-85923025（发行部）　010-85923091（总编室）
经　　销　全国新华书店等
印　　刷　鸿鹄（唐山）印务有限公司

开　　本　710 毫米 ×960 毫米　1/16
印　　张　14
字　　数　229 千字
版　　次　2023 年 3 月第 1 版第 1 次印刷
定　　价　19.80 元

走进名著

本书收入了高士其先生自20世纪30年代至50年代创作出版的《菌儿自传》等多篇为广大少年儿童熟知的经典科普作品，目的是向广大少年儿童普及养成良好卫生习惯的重要性。该书现已被教育部列入推荐书单。

为了最大限度地呈现作者的创作原貌，我们在编校时保留了原稿的语言叙述风格。书中涉及的数据及细菌学、生物学等专业知识，作为一种历史数据存留，尽管有些已与现行的科学数据、专业知识已经不尽相同，对此我们也保持了原貌，以供读者参照比对当今科学技术的跨越发展。尽管文章有落后于当今时代发展之处，然而对于广大少年儿童来说，其仍不失为一部相当有趣的、读来令人耳目一新的科普书。

故事大纲 GUSHI DAGANG

科学童话：菌儿自传

· “菌儿”是什么
· 细菌的根源
· 细菌在研究所里的生存环境
· 细菌与火之间的恩怨情仇
· 湖河江海中的细菌的情况
· 菌儿在消化道里的“一日游”
· 八大群菌类
· 细菌对人类的贡献
· 细菌和土壤之间的关系
· 细菌和人类衣食住行的关系

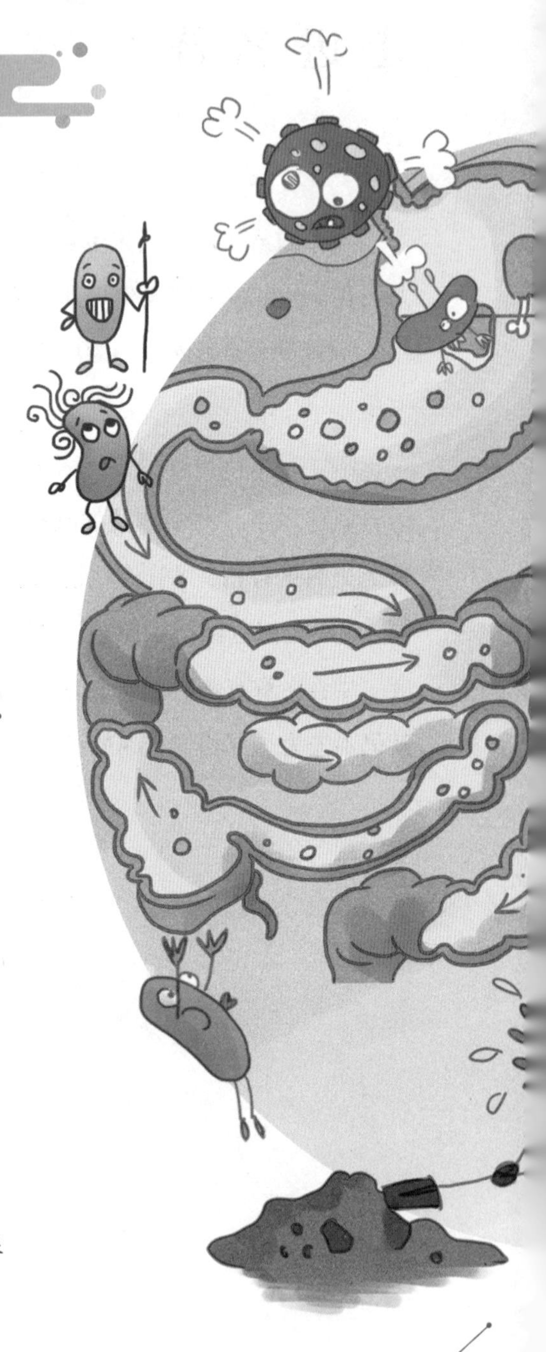

科学小品：细菌与人

· 关于色盲患者的知识
· 关于声音的知识
· 关于气味的知识
· 关于吃苦和舌头的知识
· 人体所接触的细菌的名称和种类
· 细菌的衣食住行
· 细菌的大食堂——肠胃

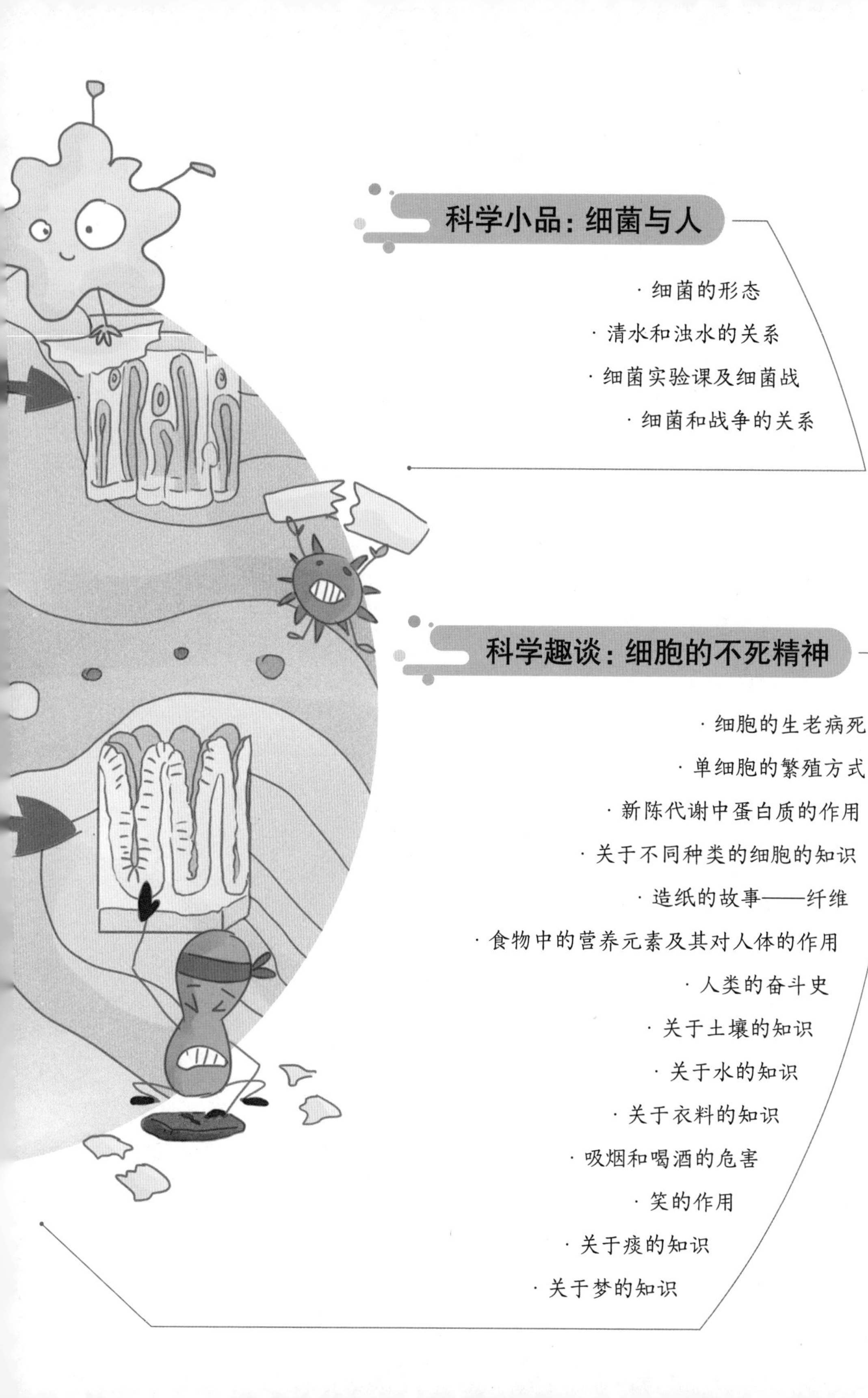

科学小品：细菌与人

· 细菌的形态
· 清水和浊水的关系
· 细菌实验课及细菌战
· 细菌和战争的关系

科学趣谈：细胞的不死精神

· 细胞的生老病死
· 单细胞的繁殖方式
· 新陈代谢中蛋白质的作用
· 关于不同种类的细胞的知识
· 造纸的故事——纤维
· 食物中的营养元素及其对人体的作用
· 人类的奋斗史
· 关于土壤的知识
· 关于水的知识
· 关于衣料的知识
· 吸烟和喝酒的危害
· 笑的作用
· 关于痰的知识
· 关于梦的知识

目录 CONTENTS

科学童话：菌儿自传

我的名称

这篇文章是我老老实实的自述，是请一位曾和我见过几面的人用笔记录下来的。

我自己不会写字。若是写出来，就是蚂蚁也看不见。

我也不曾说话。即使发出声音，恐怕苍蝇也听不到。

那么，这位做笔记的人，是怎样接收我心里所要说的话的呢？

设问

作者用设问的形式激起读者的好奇心，开启了解“菌儿”世界的大门。

这暂时是一个秘密，恕我不公开吧。

闲话少讲，且说我为什么自称作“菌儿”。

我原想取名为“微子”，可惜中国的古人已经用过了这名字，而且我嫌“子”字有点大人气，不如“儿”字谦卑。

我的身躯永远是那么幼小。人家由一粒“细胞”出身，就能积成几千、几万、几万万细胞，变成一根青草、一棵白菜、一株挂满绿叶的大树，或变成一条蚯蚓、一只蜜蜂、一条大狗、一头大牛，乃至于大象、大鲸，看得见，摸得着。我呢，也是由一粒细胞出身，虽然分得格外快，格外多，但只恨它们不争气，不团结，所以变来变去总是那般一盘散沙似的，孤单单的，一颗一颗，又短又细又寒酸。惭愧惭愧，因此，今日自命作“菌儿”。

至于“菌”字的来历，实在很复杂，很渺茫。中国古代的诗人屈原所作《离骚》中有这么一句：“杂申椒与菌桂兮，岂维纫夫蕙茝。”这里的“菌”是指一种香木。这位失意的屈先生拿它来比喻贤者，以讽刺楚王。我的老祖宗，有没有那样清高，那样香气熏人，也无从查考。

引用

这里引用屈原的《离骚》来为自己正名，表明“菌儿”的来历很久远。

不过，现代科学家都已承认，菌是生物中的一大类。菌族菌种，很多很杂；菌子菌孙，布满人间。你们人类所最熟识的就是煮菜、煮面所用的蘑菇、香蕈之类，那些像小纸伞似的东西，黑圆圆的盖，硬短短的柄，实是我们菌族里的大汉。当心呀！勿因味美而忘毒。那大菌，有的很不好惹，会毒死你们贪吃的人呀。

举例子

作者通过列举生活中常见的蘑菇一类就是菌儿一族的成员，说明菌类的种类非常多，告诉人们有些菌是看得见摸得着的。同时提醒读者，不要因为贪吃就忘记有些菌是带有毒性的。

至于我，是菌族里最小最小、最轻最轻的一种。小到即使你们肉眼虽看得见灰尘的纷飞，却看不见我们也夹在里面飘游；轻到即使我们好几十万都挂在苍蝇脚下，它也不觉得重。真的，我的体积是苍蝇眼睛的一千分之一，是顶小一粒灰尘的一百分之一。

因此，自我的始祖，一直传到现在，在生物界中混了这几千万年，也没有人知道有我的存在。

不知道也罢，我也乐得过着逍逍遥遥的生活，没有人来搅扰。天晓得，后来，偏有一位异想天开的人发现了我。我的秘密渐渐地被泄露出来，从此多事了。

阅读笔记

这消息一传到众人的耳朵里，大家都惊惶起来，觉得我比黑暗里的影子还可怕。然而，始终没有人和我面对面见过，众人仍感莫名其妙，在恐怖中总带着半信半疑的态度。

“什么‘微生虫’？没有这回事，自己受了风，所以肚子痛了。”

“哪里有什么病虫？这都是心火上冲，所以头上、脸上生出疖子、疔疮来了。”

“寄生虫就是有，也没那么凑巧，就爬到人身上来。我看，你的病还是湿气太重的缘故。”

这是我亲耳听三位医生对三位病人所说的话。我在旁暗暗地好笑。

在他们的传统观念中，病不是风生，就是火起，不是火起，就是水涌上来的，而不知冥冥之中还有我在把持、活动。

因为他们看不见我，所以又疑云疑雨地叫道：“有鬼，有鬼！有狐精，有妖怪！”

其实，哪里来的这些魔物。他们所指的就是我，而我却不是鬼，也不是狐精，更不是妖怪。我是真真正正、明明白白的一种生物，一种最小最小的生物。

既然是生物，为什么和人类结下了这样深的大仇，天天害人生病，时时暗杀人命呢？

说起来也话长，我真是有冤难申。在这一篇自述里面，我当然要分辩个明白。那是后文，暂搁不提。

“菌儿”为什么会和人类“结仇”？作者并没有立刻说明，这种“话说一半留一半”的手法，很能吸引读者的注意。

因为一般人没有亲见过，关于我的身世都是道听途说，传闻失真，对于我未免胡乱地称呼。

虫、虫、虫——寄生虫、病虫、微生虫，都有一个字不对。我根本就不是动物的分支，当不起“虫”字这尊号。

称我为寄生物，为微生物，好吗？太笼统了。配得起这两个名称的又不止是我这一种。

唤我作病毒吗？太没有生气了。我虽小，但仍是有生命的啊。

病菌，对不对？那只是给我加上的罪名，“病”并不是我的出身，只算是我的一种非常时期的行动。

是了，是了，微菌是了，细菌是了。那固然是我的正名，却有点科学绅士气，不合乎大众的口头语，而且还有点西洋气，把姓名都颠倒了。

菌是我的姓。我是菌中的一族，而菌是植物中的一类。

菌字，口之上有草，口之内有禾，十足地表现出植物中的植物。这是寄生植物的本色。

叙述

内容说明菌类是植物的一种，而且是寄生植物，为读者普及知识。

我是寄生植物中最小的儿子，所以自愿称作菌儿。以后你们如果有机缘和我见面，请不必大惊小怪，从容地和我打一个招呼，叫声“菌儿”好吧。

本节介绍了“菌儿”是一种什么东西，以及为什么叫“菌儿”。作者通过细腻的语言为读者介绍了“菌儿”这个名字的由来，将抽象的事物具体化，更方便读者对其有一个详细的了解，并产生兴趣。

佳词美句

老老实实　变来变去　逍逍遥遥　莫名其妙　半信半疑　大惊小怪

我呢，也是由一粒细胞出身，虽然分得格外快，格外多，但只恨它们不争气，不团结，所以变来变去总是那般一盘散沙似的，孤单单的，一颗一颗，又短又细又寒酸。

小到即使你们肉眼虽看得见灰尘的纷飞，却看不见我们也夹在里面飘游；轻到即使我们好几十万都挂在苍蝇脚下，它也不觉得重。

我是寄生植物中最小的儿子，所以自愿称作菌儿。以后你们如果有机缘和我见面，请不必大惊小怪，从容地和我打一个招呼，叫声“菌儿”好吧。

阅读思考

1. 什么是“菌儿”？
2. 为什么叫“菌儿”？
3. 常见的“菌儿”有哪些？

我的籍贯

我们姓菌的这一族，多少总不能和植物脱离关系吧。

植物是有地方性的。这也是为着气候的不齐。你们一见了芭蕉、椰子之面，就知道是从南方来的。荔枝、龙眼的籍贯是广东与福建，谁也不能否认。

我菌儿却是地球通。不论是地球上哪一个角落，只要有一些水汽和有机物，我都能生存。

我本是一个流浪者。我又是大地上的清道夫，替大自然清除腐物烂尸。全地球都是我工作的区域。

我随着空气的动荡而上升。有一回，我正在4000米天空之上飘游，忽而遇见一位满面胡子的科学家，驾着氢气球上来追寻我的踪迹。那时我身轻不能自主，被他收入一只玻璃瓶子里，到他的实验室里去受罪了。

我又随着雨水的浸润而深入土中，但时时被大水所冲洗，洗到江河湖沼里面去了。那里的水太淡，不够味，往往不能让我得一饱。

犹幸我还抱着一个很大的希望：希望有些人把我连水挑去，淘米洗菜，洗碗洗锅；希望人们把我一口气喝尽了；希望通过各种不同的途径，带我到人类的肚肠里去。

> 人类的肚肠，是我的天堂。
> 在那儿，没有干焦冻饿的恐慌，
> 只有吃不尽的食粮。

然而，事情往往不如意料的美满。这也只能怪我自己太不识相了，不安分守己，饱暖之后又肆意捣毁人家肚肠的墙

名师解读

作者通过和植物做比较，让读者更好地了解“菌儿”的存在范围，只要有空气、水和有机物的地方就有“菌儿”。也就是说，读者正在看这本书的时候，周围就有很多菌儿陪着你一起看关于它们自己的故事。不要害怕，人类就生活在充满菌儿的世界里。

名师解读

内容说明了人体才是“菌儿”理想的生存环境，在生活中，不管是呼吸还是饮食，都会将大量“菌儿”带入体内，这些菌儿进入身体里以后，能够帮助人体清理垃圾，排出一些对人身体有害的东西。这是对身体有好处的。

蓖麻油
化粪池

壁，于是乱子就闹大了。那个人觉着肚子一阵阵的痛，就吞服了蓖麻油之类的泻药，或用灌肠的手法，不是油滑，便是稀散，使我立足不定，一泻就泻出肛门之外了。

拟人

作者运用拟人的手法，通过"菌儿"的自我反省，解释了平时一些常见的小毛病的原因，语言生动活泼，十分有趣。

从此我又颠沛流离，如逃难的灾民一般，幸而不至于饿死，辗转又归到了土壤。

初回到土壤的时候，我一时寻不到食物，就吸收一些空气里的氮气，以图暂饱。有时我又把这些氮气化成硝酸盐，直接和豆科之类的植物换取别的营养料。有时我若遇到了鸟兽或人的尸身，就是我的大造化，够我几个月乃至几年享用了。

天晓得，20 世纪以来，生物学者们渐渐注意到了伏于土壤中的我。有一次，我被他们掘起来，拿去化验了。

叙述

这里的内容表明，人类开始关注细菌，研究细菌的时间，是从20世纪开始的。

我在化验室里听他们谈论我的来历。

有些人就说，土壤是我的家乡。

有的以为我是水国里的居民。

有的认为我是空气中的浪子。

又有的称我是他们肚子里的老主顾。

各依各人的实验所得而报告。

其实，不仅人类的肚子是我的大菜馆，而且人身上哪一块不干净、哪一块有裂痕伤口，那一块便是我的酒楼茶店。一切生物的身体，不论是热血或冷血，都是我求食借宿的地方。只要环境不太干、不太热，我都可以生存下去。

干莫过于沙漠，那里我是不愿去的。埃及古代帝王的尸体，之所以能保藏至今而不坏，也就是因为我不能进去的缘故。干之外再加以防腐剂，我就万万不敢去了。

热到了 60℃以上，我就会渐渐没有生气；到了 100℃的沸点，我们菌众中的大部分子孙就没有生望了。我最喜欢的是暖血动物的体温，也就是在 37℃左右吧。

列数字

作者通过列举数字来说明细菌的生存环境，适合细菌生存的是37℃，但是消灭细菌的温度是100℃，为后文关于细菌作用的叙述打下铺垫。

热带的区域，既潮湿，又温暖，所以我在那里最惬意，也最恰当。因此又有人认为我的籍贯大约是在热带吧。

最后，有一位欧洲的科学家站起来说，我应属于荷兰籍。

举例说明

作者通过举实例来说明细菌被人类发现的时间和地点。

说这话的人以为，在 17 世纪以前，人类始终没有见过我，而后来发现我的地方是在荷兰，一位德尔夫市政府的看门老人的家里。

这件事发生于公元 1675 年。

这位看门老人是制显微镜的能手。他所制的显微镜都是单用一片镜头磨成，并不像现代的复式显微镜那么笨重而复杂，而他那些镜头的放大能力却并不弱。我是亲尝过这些镜头滋味的，所以知道得很清楚。

阅读笔记

这老人，在空闲的时候，便找些小东西，如蚊子的眼睛、苍蝇的脑袋、臭虫的刺、跳蚤的脚、植物的种子，乃至于自己身上的皮屑之类，放在镜头下聚精会神地细看。那时我也夹杂在里面，有好几次都险些被他看出来了。

但是，不久，我终于被他发现了。

在一个雨天，我正在一小滴雨水里面游泳。谁想到这一滴雨水，就被他寻去放在了显微镜下。

他看见了我在水中活动的影子，就惊奇起来，以为我是从天而降的小动物。他看了又看，简直入了迷。

又有一次，他异想天开地把自己的齿垢刮下一点点来细看。这一看非同小可，我的原形都现于他的眼前了。原来我时时都伏在那齿缝里面，想分吃一点“入口货”。这一次是我的大不幸，竟被他捉住了，使我族几千万年以来的秘密被一朝泄露于人间。

叙述

文中通过“菌儿”的视角去看观察者，十分新颖别致，“灼灼如火的目光”生动地写出了当时老人的心情。

我在显微镜下东跳西奔，没处藏身。他的眼睛也看红了，我的身体也疲乏了，一层大大厚厚的水晶上映出他那灼灼如火的目光，着实可怕。

后来他还画出我的图形，写了一封长长的信报告给伦敦

"英国皇家学会"。不久消息就传遍了全欧洲，所以至今欧洲人还有人以为我是荷兰籍。这是错以为发现我的地点就是我的发祥地。

老实说，我就是这边住住，那边逛逛，飘飘然而来，渺渺然而去，到处是家，行踪无定，因此籍贯实在有些确定不了。

然而我也不以此为憾。鲁迅笔下的阿Q，那种大模大样的乡下人的籍贯尚且有些渺茫，何况我这小小的生物，素来不大为人们所注视，又哪里有记载可寻呢！

对比

文中通过与鲁迅笔下的阿Q的籍贯做对比，来证明没有人在乎过细菌的真实根源是什么。

不过，我既是造物主的作品之一，生物中的小玲珑，自然也有个根源，不是无中生有，半空中跳出来的。那么，我的籍贯，也许可从生物的起源这一问题上寻出端倪来吧。但这问题并不是一时所能解决的。

最近，科学家用电子显微镜等科学装备，发现了原始生物化石。在非洲南部距今31亿年的太古代地层中，他们找到了长约0.5微米的杆状细菌的遗迹。据说这是最古老的细菌化石。那么，我们菌儿的祖先的确是生物界原始宗亲之一了。这样，我的原籍就有证据可查了。

精简点评

这一节介绍了细菌的根源（籍贯）。大约在1675年，荷兰有个制作显微镜的老人无意中发现了"细菌"这种微生物，也是在这个时候，细菌的秘密才暴露在人们眼前。经过人类的进一步观察和研究，发现细菌有可能是生物界的原始宗亲，说明了细菌的历史比人类的历史要悠久很多。

佳词美句

安分守己　聚精会神　异想天开　无中生有　灼灼如火　颠沛流离

从此我又颠沛流离，如逃难的灾民一般，幸而不至于饿死，辗转又归到了土壤。

我的身体也疲乏了，一层大大厚厚的水晶上映出他那灼灼如火的目光，着实可怕。

我就是这边住住，那边逛逛，飘飘然而来，渺渺然而去，到处是家，行踪无定。

阅读思考

1. 细菌何时被人类发现的？

2. 细菌的生存环境是怎样的？

3. 细菌的作用是什么？

我的家庭生活

我正在水中浮沉，在空中飘零，
听着欢腾腾一片生命的呼声，
欢腾腾赞美自然的歌声。
忽然飞起了一阵尘埃，
携着枪箭的人类陡然而来，
生物都如惊弓之鸟四散了。
逃得稍慢的都一一遭难了。
有的做了刀下之鬼，有的受了重伤，
有的做了终身的奴隶，有的饱了饥肠。
大地上遍满了呻吟挣扎的喊声，
一阵阵叫我不忍卒听尖锐的哀鸣。
我于是也落荒而走。

我因为短小精悍，容易逃过人眼，就悄悄地度过了好几万载。虽然在17世纪的临了被发现过一次，幸而当时欧洲的学者都当我是科学的小玩意，只在显微镜上瞪瞪眼，并不认真追究我的性状，也就没有什么过不去的事了。

通过细菌的自述我们可以知道，虽然细菌早在17世纪就被发现了，但是当时的人们并没有过多地关注它、研究它。人类对细菌的轻视，让细菌度过了一段清闲的时光。

又挨过了两个世纪的辰光，法国出了一位怪学究。他毫不客气地疑惑我是疾病的元凶，要彻底清查我的罪状。

无奈呀，我终于被囚了！被囚入那无情的玻璃小塔里了！

我看着他那满面又粗又长的胡子，真是又惊又恨，自忖，这是我的末日到了。

也许因为我的种子繁多，不易杀尽；也许因为担心杀尽了我会断了线索，扫不清我的余党，于是他就暂养着我这可怜的

过了太久安逸生活的细菌被人类重视起来后，不禁感到心中发慌，却因为细菌的种类太多，所以一时半会儿轮不到它，说明了研究细菌的工作是繁重而枯燥的。

薄命，在实验室的玻璃小塔里。

在玻璃小塔里，气候是和暖的，食物是源源供给的。有如许的便利，让一向流浪惯的我也顿时觉着安定了。从初进塔门到如今，足足混了60余年的光阴。因此这一段的生活，从好处着想，就说是我的家庭生活吧。

然而，这玻璃小塔于我，仿佛也似笼之于鸟，瓶之于花。真是上了科学家的当。

虽说上当，毕竟还有一线光明在前面，也许人类和我的误会就由这里进而谅解了。

阅读笔记

把牢狱当作家庭，
把怨恨当成爱怜，
把误会化为同情，
对付人类只有这办法。

这玻璃小塔是亮晶晶，透明的，一尘不染，强酸不化，烈火不攻，水泄不通，只有塔顶那圆圆的天窗可以通气，又塞满了一口的棉花。

说也奇怪，这塔口的棉花塞虽有无数细孔，气体可以来往自如，却像《封神榜》里的天罗地网，《三国演义》里的八卦阵，任凭我有何等通天的本领，一冲进里面就会被绊倒，迷了路，逃不出去，所以看守我的人是很放心的。

过惯了户外生活的我，对于实验室中的气温，本来觉着很舒适，但有时又因刚从人畜的体内游历一番，回来又嫌太冷了。

于是实验室里的人又特别为我盖了一间暖房。那房中的温度和人的体温一样，门口装有一只按时计温的电表，表针一偏离 37℃的常轨，看守的人就会来拨动拨动，调理调理，总怕我受冷。记得有一回，胡子科学家的一个徒弟带我下乡去考察，还要将这玻璃小塔密密地包了，存入内衣的小袋袋，用他的体温来温我的身体，总怕我受冷。

科学家给我预备的食粮，色样众多。大概他们在试探我爱吃什么，就配了什么汤，什么膏，如牛心汤、羊脑汤、糖膏、血膏之类。还有一种海草做成的冻胶，叫作“琼脂”，是常用作底子的，但我吃不动，摆着做样子，好看一些罢了。

他们又怕不合我的胃口，加了盐又加了酸，煮了又滤，滤了又煮，消毒了而又消毒，有时还掺入或红或蓝的色料，真是处处周到。

我是著名的吃血小霸王，但我嫌那生血的气焰太旺，死血的质地太硬。我最爱那半生半熟的血。于是实验室里的大司务又将那鲜红的血膏放在不太热的肉汤里去，荡成美丽的巧克力色。这是我认为最精美的食品。

然而，不料，有一回，他们竟送来了一种又苦又辣的药汤

外形描写

文中通过细菌的视角来观察囚困它的地方的样子，这就是细菌眼中的“菌类培养皿”。

叙述

内容说明在研究人员手里，细菌经常被拿来做实验，所以会不停地改变生存环境。

举例子

作者通过举例子，说明研究人员为细菌准备了丰富的食材，对细菌颇为照顾。

叙述

此处说明人类开始研究细菌了，打算通过十大元素来分析细菌的种类和用途。

给我吃。据说这是为了要检查我身体的化学结构而预备的。那药汤是由各种单纯的、无机和有机的化合物配合而成的，含有细胞所必需喝的十大元素。

那十大元素是一切生物细胞的共有物。

碳为主；

氢、氧、氮副之；

钾、钙、镁、铁又其次；

磷和硫居后。

我的无数菌众里面各有癖好，有的爱吃有机之碳，如蛋白质、淀粉之类；有的爱吃无机之碳，如二氧化碳、碳酸盐之类；有的爱吃阿摩尼亚之氮；有的爱吃亚硝酸盐之氮；有的爱吃硫；有的爱吃铁。于是科学家各依所好，酌量增加或减少各元素的成分，因此那药汤也就不太难吃了。

叙述

通过菌儿的口述，我们知道了在阴暗潮湿的地方容易产生细菌，同时告诉我们，细菌不一定要呼吸空气中的氧气，它们最喜欢的还是食物中的氧气。

我的呼吸也有些特别。在平时固然尽量地吸收空气中的氧，有时却嫌它的刺激性太大，氧化力太强了，便常常躲在低气压的角落里，暂避它的锋芒。在黑暗潮湿的地方我最能繁殖，所以一件东西将要腐烂，都从底下烂起。又有时我竟完全拒绝氧的输入了，原因是我自己的细胞会从食料中抽取氧的成分，而且来得简便，在外面氧的压力下反而不能活。生物中不需氧气而能自力生存的，恐怕只有我那一群“厌氧”的孩子们吧。

不幸，这又给饲养我的人添上一件麻烦事了。

作者通过举例子，说明细菌在大自然中扮演着清道夫的角色。

我的食量无限大，一见了可吃的东西就吃个不停，吃完了才罢休。一头大象或大鲸的尸身，若任我吃，不怕花去五年十载的工夫，也要吃得精光。大地上一切动植物的尸体，都被我这清道夫给收拾得干干净净了。

何况这小小玻璃之塔里的食粮是极有限的。于是又忙了亲爱的科学家先生，用白金丝挑了我，搬来搬去，费去了不少的亮晶晶的玻璃小塔、不少的棉花、不少的汤和膏，三日一换，五日一移，只怕我绝食。

最后，他们想了一条妙计，请我到冰箱里去住了。受4℃到冰点以下更冷的寒气的包围，我的细胞有时就缩成了一小丸，没有消耗，也无须饮食，可经数年的饿而不死。这秘密，几时被他们探出了？

在冰箱里，我像是在冬眠。但这不按四时季节的冬眠，只是随着他们看守者的高兴，却不是出于我的自愿。他们省了财力，累我受了冻饿。

我对于气候寒冷的感觉，和我的年纪也有关系，年纪愈轻愈怕冷，愈老愈不怕。这和人类的体质恰恰相反。

从前胡子科学家和他的徒弟们都以为我有不老的精神和永生的力量。他们说我每20分钟，就变作两个；8小时之后，就变成亿万个；24小时之后，那子子孙孙就难以形容了。这岂不是不久就要占满了全地球吗？

现在那位胡子科学家已不在人世，他的徒子徒孙们对于我的观感已有些不同了。

他们说，我的生活也可以分为少、壮、老三期。这是根据营养的盛衰、生殖的迟速、身材的大小、结构的繁简而定的。

最近，有人提出我的婚姻问题了。我这小小家庭里面也有夫妻之别，男女之分吧？这问题，难倒了科学家了。他们眼都看花了，意见还都不一致。我也不便直说了。

科学家的苦心如此，我在他们的娇养之下无忧无虑，不愁衣食，也“乐不思蜀”了。

但是，他们一翻了脸，要提我去审问。这家庭也就宣告破产，变成牢狱了。唉！

为什么科学家会对细菌做出这样的假设呢？因为细菌独特的繁殖能力和适应环境的能力让科学家认为细菌是永生的、不老的。从这里我们看得出，随着对细菌的研究的深入，科学家对细菌的了解也越来越多。

名师解读

细菌是人无法用眼睛看到的，那么，它们会有雌雄之分吗？这个问题告诉我们，细菌虽然非常小，但是细菌的世界很大，细菌的秘密也很多，而人类认识细菌的道路也不是一帆风顺的。

精简点评

本节讲述了细菌在研究所里的生存环境，科学家们不厌其烦地培养和研究细菌，他们通过不同的饮食来研究细菌的种类和特性，最后在细菌的性别问题上争论不休，让读者对此也好奇不已。

佳词美句

短小精悍　乐不思蜀　无忧无虑　不愁衣食　毫不客气　水泄不通

我正在水中浮沉，在空中飘零，听着欢腾腾一片生命的呼声，欢腾腾赞美自然的歌声。

忽然飞起了一阵尘埃，携着枪箭的人类陡然而来，生物都如惊弓之鸟四散了。

把牢狱当作家庭，把怨恨当成爱怜，把误会化为同情，对付人类只有这办法。

阅读思考

1. 细菌喜欢吃什么？

2. 为什么细菌被困在小瓶里出不来？

3. 你想不想和细菌做朋友？

无情的火

我从踏进了玻璃小塔之后，初以为可以安然度日了。

想不到，从白昼到黑夜又到了白昼，刚刚经过了24小时的拘留，我正吃得饱饱的，懒洋洋地躺在牛肉汁里由它浸润着。忽然塔身震荡起来，一阵热风冲进塔中，天窗的棉花塞不见了，从屋顶吊下来一条又粗又长的，明晃晃的、热烘烘的白金丝，丝端有一圈环子，救生环似的，把我钩到塔外去了。我真慌了。我看见那位好生面熟的科学家，坐在那长长的黑漆的实验桌旁，五六个穿白衫的青年都围着看，一双双眼睛都盯着我。

他放下了玻璃小塔，提起了一片明净的玻璃片，片上已滴了一滴清水，然后将右手握着的那白金丝向这一滴水里一送，轻轻地大涂大搅，搅得我身子乱转。

这一滴水就似是我的大游泳池，一刹那，那池水已自干了。于是我大难临头了。

我看见那酒精灯上的青光，心里已兀自突突地跳了。果然那狠心的科学家一下子就把我往火焰上穿过了三次，使那冰凉的玻璃片立时变成了热烫热烫的火床。我身上的油衣都脱化了。我的细胞被烧得焦烂，死去活来，终于晕倒不省“菌”事了。

据说，后来那位先生还洗我以酒，浸我以酸，毒我以碘汁，灌我以色汤，使我披上一层黑紫衣，又披上一件大红衣。这都是为着便利于检查我的身体、认识我的形态起见，而发明了这些曲曲折折的手续。当时我被热昏了，全然不知不觉，一任他们摆弄就是了，又有什么法子可想呢？

从此后，每隔一天，乃至一星期，我就要被提出来拷问，

心理描写

上文描述了菌儿被弄到玻璃瓶外面，安逸的生活没有了。面对众多眼睛的关注，菌儿对接下来的事情感到恐慌，文章的氛围也紧张了起来。

反问

作者采用反问的手法，非常生动地写出了细菌任由科学家摆布的无可奈何，很容易让读者产生共鸣。

受火的苦刑。

火，无情的火，我一生痛苦的经验多半都是由于和它碰头。

这又引起我早年的回忆了。

我本是逐着生冷的食物而流浪的。这在谈我的籍贯那一章已说得明明白白了。

叙述

内容讲述了古代人们的生活方式给细菌提供了极大的生存空间。

在太古蛮荒的时代，人类都是茹毛饮血，茹的是生毛，饮的是冷血。那时口关的检查不太严，食道可以随意放行，我也自由自在地跟着那些生生冷冷的鹿肉呀、羊血呀到人类的肚肠去了。

也不知多少年前，自从人类吃熟食以来，我的生计问题曾经发生过一次极大的恐慌。

阅读笔记

后来还幸亏那时的人们不大认真。炒肉片吧，炒得半生半熟，也满不在乎地吃了；不然就是随随便便地连碗底都没有洗干净就去盛菜；或是留了好几天的菜，味都变了，还舍不得倒掉。这就给了我一个“走私”“偷运”的好机会。他们都看不出，我仍在碗里活动。

当饭菜热气腾腾的时候，我固然不敢走近；凉风一拂，我就来了。

其实，我最得力的助手还是蝇大爷和蝇大娘。

我从肚肠里出来就遇着蝇大爷。我紧紧地抱着他的腰，牢牢地握着他的脚。他嗡的一声飞到大菜间里去了。他噗的一下停落在一碗菜的上面，身子一摇，把我抛了下去。我忍受着菜的热气，欢喜那菜的香味，又有吃的了。

疑问

作者通过一系列疑问句增强语气，将牧师的困惑呈现在读者面前。

我吃得很惶惑，抬起头来，听见一位牧师在自言自语：

“上帝呀，拥有万能的主啊！你创造了亚当和夏娃，又创造了无数鸟兽鱼虫、花草木兰来陪伴他们，服侍他们。你的工作真是繁忙啊！你果真于六天之内就造成了这么多的生物

吗？你真来得及吗？你第七天以后还有新的作品吗？……

“近来有些学者对你怀疑了。怀疑有好些小动物都未必是由你的大手挥成的。它们可以自己从烂东西里自然而然地产生出来，就如苍蝇、萤火虫、黄蜂、甲虫之流，乃至于小老鼠，都是如此产生。尤其是苍蝇，苍蝇公子哥儿的确是自然而然地从茅厕坑里跳出来的啊！……”

我听了暗暗地好笑。

这是17世纪以前的事。那时的人都还没有看见过苍蝇大娘的蛋，即使看见了也不知道是什么。

不久之后，在1688年夏季的一天，我跟着苍蝇大娘出游，游到了意大利一位生物学家的书房里。她停落在一张铁纱网的面上，跳来跳去，四处探望。我闻到一阵阵的肉香，却不见一块块的肉影。她更着急了，用那一双小脚乱踢，把我踢落到那铁纱网的下边去了。原来肉在这里！

叙述

通过叙述我们了解到，当时的人类只注意到了有形的、肉眼能看到的东西从烂东西里产生出来，但是还没有意识到细菌是导致东西腐烂的重要原因。

叙述

此处点明事情发生的时间和地点，以及涉及的人物，让叙述更流畅，阅读更容易。

名师解读

这位生物学家想看看在没有苍蝇接触的情况下，一锅肉汤会不会发生变质，没想到还是变质了。这就证明了肉汤变质是因为细菌在作怪。从而发现了细菌可以导致有机物变异的秘密。

这是这位生物学家的巧计。防得了苍蝇，却防不了我。小苍蝇虽不见飞进去，而那一锅的肉却依旧酸了，烂了。

从此，苍蝇的秘密被人类发觉了。为着生计问题，我更无孔不钻，无缝不入了。

我也不便屡次高攀苍蝇的贵体。这年头，专靠苍蝇大爷和大娘谋食是靠不住的啊！于是我也常常在空气中游荡，独自冒险远行以觅食。

有一回，是1745年的秋天吧，我到了爱尔兰，飞进了一位天主教神父的家里。他正在热烈的火焰上烧着一大瓶的羊肉汤。我闻着羊肉味，心怦怦地跳，又怕那热气太高，不敢下手。他煮好了，放在桌上。我刚要凑近，那瓶口又给他紧紧密密地塞上了木塞子。我四周一看，还有个弯弯的大缝隙，就索性挤了进去。

初到肉汤的一刻，我还嫌太热，一会儿就温和而凉爽了；一会儿，忽然又热起来了，那肉汤不停地乱滚，滚了好一个时辰，这才歇息了。我一上一下地翻腾，热得要死，往外一看，吓得我差点没命。原来那神父又在火焰上烧这瓶子了！烧了约莫快到一个钟头的光景。

我幸而子孙多，没有全被烧死，逃过了这火关，就痛快地大吃了一顿，把这一瓶清清的羊肉汤搅和得不成样子了，仿佛乱云飞絮似的上下浮沉。那阔嘴的神父看了又看，又挑了一滴放在显微镜下再看，看完之后就大吹大擂起来了。

名师解读

神父在显微镜下发现了还有细菌存活，因此变得兴奋，甚至有些飘飘然，因为他认为自己有了关于细菌的重大发现。

他说："我已经烧尽了这瓶子里的生命，怎么又会变出这许多新的小生物来了？这显然是微生物从羊肉汤里自然而然地产生出来的呀！"

我听了又好气又好笑。

这样糊里糊涂地又过了24年。

到了1769年的冬天，从意大利又发出反对这种"自然发生学说”的呼声。这是一位秃头教士的声音。他说：“那爱尔兰神父的实验不精到，塞没有塞好，烧没有烧透；那木塞子是不中用的，那一个小时是不够用的。要塞，不如密不透风地把瓶口封住了；要烧，就非烧到一小时以上不可。要这样才……”

我听了这话，吃惊不小，叫苦连天。

一则有绝食的恐慌，二则有灭身的惨祸。

这是关于我的起源的大论战。教士与神父怒目；学者和教授切齿。他们起初都不能决定我出身何处、起家哪里，从不知道或腐或臭的肉啊、菜啊都是我吃饱了的成绩。他们瞎说瞎猜，造出许多科学的谣言来，什么“生长力”哪，什么“氧化作用”哪，一大堆的论文。其实那黑暗的活动者就是我，都是我，只有我！

仿佛又像诸葛亮和周瑜定计破曹操似的，这些科学的军师们，一个个的手掌心都不约而同地写着“火”字。他们都用火来攻我，用火来打破这微生物的谜。

火，无情的火，真害我菌儿好苦也！

这乱子一直闹了一个世纪，一直闹到了1864年的春天，这才给那位著名的胡子科学家的实验完完全全地解决了。

说起来也话长，这位科学家真有了不起的本事，真是细菌学军营里的姜子牙。我这里也不便细谈他的故事了。

单说有一天吧，我飘到了他的实验室里。他的实验室我是常光顾的。这一次却没有被请，而是我独自闲散地飞游而来的。

我看见满桌上排着二三十瓶透明的黄汤，有肉香，有甜味。那每一只的瓶颈都像鹤儿的颈子一般，细细长长地弯了那么一大弯，又昂起头来。我禁不住地就从一只瓶口飞进去了。可是，我到了瓶颈的半路，碰了玻璃之壁，又滑又腻的壁，费

心理描写

菌儿的心理活动说明秃头教士说的是对的。

强调

文中菌儿一直在强调自己对人类的言论不以为然，甚至因为没有得到关注而产生愤怒的情绪，使行文活泼、有趣。

尽气力也爬不上去。真是苦了我，罢了罢了！

那胡子科学家一天要跑来看几十次，看那瓶子里的黄汤仍是清清明明的，阳光把窗影射在上面，显得十分可爱。他脸上现出一阵一阵的微笑。

解释说明

作者解释了胡子科学家研究的目的，他得出的结果推翻了"自然发生说"。

这一招，他可把"自然发生说"的饭碗给完全打翻了，为的是证明只要我不能到里面去偷吃，那么无论什么汤，就不会坏，永远都不会坏了。

于是，他疯狂似的，携着几十瓶的肉汤到处寻我，到巴黎的大街上、到乡村的田地上、到天文台屋顶的空房里、到黑暗的地窖里、到阿尔卑斯山的最高峰去寻我。他发现，空气愈稀薄，灰尘愈少，我也愈稀，愈难寻。

列数字

作者通过列举数字，说明想要杀死细菌，需要很高的温度才行。但是究竟需要多少度呢？这里没有详细描述，给读者留下了想象的空间。

寻我也罢，我不怪他。只恨他又拿我去放在瓶子里烧。最恨他烧我又一定要烧到110℃以上，120℃以上，乃至170℃；用高压力来烧我，用干热来烧我，烧到了一个钟头还不肯止呢！

火，无情的火，是我最惨痛的回忆啊！

现在胡子先生虽已不见了，而我却被囚在这玻璃小塔里，历万劫而难逃。那塔顶的棉花网就是他所想出的倒霉的法子。至于火的势力，哎哟！真是大大地蔓延起来了。

火，无情的火，实验室的火，医院的火，检疫处的火，到处都起了火了。果真能灭亡了我吗？

我的儿孙布满陆地、大海与天空。

毁灭了大地，毁灭了万物，才能毁灭我的菌群！

精简点评

本节讲述了细菌与火之间的恩怨情仇，人们发现无孔不入的细菌怕高温，同时认识到了细菌对人类的危害。经过几代科学家的研究，细菌的秘密才终于被人类一点点地渗透挖掘了出来，科学家们实事求是、坚持不懈的精神值得我们学习。

佳词美句

安然度日　大难临头　茹毛饮血　叫苦连天　不约而同　历万劫而难逃

他发现，空气愈稀薄，灰尘愈少，我也愈稀，愈难寻。

火，无情的火，是我最惨痛的回忆啊！

毁灭了大地，毁灭了万物，才能毁灭我的菌群！

阅读思考

1. 细菌和苍蝇是什么关系？
2. 为了研究细菌，科学家做了哪些事情？
3. 细菌在火里是什么状态？

水国纪游

实验室的火要烧焦了我，快了。

渴望着水来救济，期待着水来浸洗，我真做了庄周所谓“涸辙之鲋”了。

无情的火处处致我灼伤，有情的水杯杯使我留恋。世间唯水最多情！遭水灾地区的灾民听了这些，有些不同意吗？

引用

作者通过引用，生动地说明了滔天大水给人们带来的巨大灾难。

“你看那滔天大水，使我们的田舍荡尽，水哪里还有情?!”

中国的古人曾经写过一部《水经》，可惜我没有读过，但我料他一定把我这一门，水族里最繁盛的生物，遗漏了。我是深明水性的生物。

水，我似听见你不平的流声，我在昏睡中惊醒！

五月的东风，卷来了一层密密的黑云，遮满了太平洋的天空。

我听见黄河的吼声、扬子江的怒声、珠江的喊声，齐奔大海，击破那翻天的白浪。

抒情

文中把江水滚动流淌的声音刻画得入木三分，让人如临其境，更容易对菌儿内心的崇拜和激情感同身受。

这万千的水声，洪大，悲壮，激昂，打动了我微弱的胞心，鼓起了我疲惫的鞭毛，陡然地增长了我斗争的精神。

水，我对于你，有遥久深远的感情。我原是水国的居民。

水，你是光荣的血露！

地面上的万物都要被你所冲洗。

水，我爱你的浊，也爱你的清。

清水里，氧气充足，我虽饿肚皮，却能延长寿命。

浊水里，有那丰富的有机物，可供我尽情地享用。

气候暖，腐物多，我就很快地繁殖。

气候冷，腐物少，我也能安然地度日。

气候热，腐物不足，我吃得太快，那生命就很短促了。

水，什么水？雨水。它把我从飞雾浮尘带到了山洪、溪涧、河流、沟壑。浮尘愈多，大雨一过，下界的水愈遍满了我的行踪。

我记起了阿比西尼亚[①]雨季的滂沱。法西斯头子墨索里尼吞并不了阿国，也消灭不了那滂沱，更止不住我从土壤冲进江河。

细菌存在于雨水中，但小水洼盛不下太多细菌，只要被后来的水一冲就变得稀少了。但是，江河里的细菌多得数不清楚，有可能给人们的生活带来不便，影响人们的身体健康。

雨季连绵下去，雨水已经澄清了天空，扫净了大地。低洼处的我虽不会再加多，有时反而被那后降的纯洁的雨水逐散了，然而大江小河已浩浩荡荡满载着我。这将给饮食不慎的人群以相当的不安啊！

水，什么水？雪水。我曾听到胡子科学家得意扬扬地说过，山巅的积雪里寻不见我。我当然不到那寂寞荒凉的高峰去过活，但将化未化的美雪仍然是我冬眠的好地方。

雪花飞舞的时候，碰见了不少的灰尘，我又早已伏在灰尘身上了。瑞典的首都地处寒带而多山，日常饮用的水都取自高出海面 160 米的一个大湖。平时湖水还干净，阳春一发，雪块融化，拖泥带土而下，把我也带下来了。卫生当局派人来验，说一声“不好”，我想，这又是因为我的活动吧！

因为细菌污染了人类饮用的水源，所以卫生局来检查的人员给水的样本做出了“不好”的评价，这也是菌儿自嘲的一种方式。

水，什么水？浅水、山泽、池沼和一切低地的蓄水，最深不到 5 尺[②]，又那么静寂，不大流动。我偶尔随着垃圾堆进去，但那儿我是不大高兴久住的。那儿是蚊大爷的娘家，却未必是我的安乐窝。

---

① 阿比西尼亚即现在的埃塞俄比亚。

② 1 米 = 3 尺。

尤其是在大夏天，太阳的烈焰照耀得我全身发昏。我最怕的是那太阳中的“紫外线”，残酷的杀菌者。深不到5尺的死水，真是使我叫苦，没处躲身了。5尺以外的深水才可以帮我暂避它的光芒。最好上面还挡着一层污物，挡住那太阳！

我又不喜那带点酸味的山泽的水。从瀑布冲来了山林间的腐木烂叶，浸出了各种酸性物质，太含有刺激性了。

如果这些浅水里散发着水鸟鱼鳖的腥气、人粪兽污的臭味，那又是我所欢迎的了。

水，什么水？江河的水。江河的水满载着我的粮船，也满载着我的家眷。印度的恒河曾是一条著名的“霍乱”河；法国的罗尼河也曾是一条著名的“伤寒”河；德国的易北河又是一条历史的“霍乱”河；美国的伊利诺河又是一条过去的“伤寒”河。“霍乱”和“伤寒”，还有“痢疾”，是世界驰名的水疫，是由我的部下和人类暗斗而发生的。其间，自有一段恶因果，这里且按下不表。

举例子

作者通过举实例说明细菌给人类留下过无法抹去的伤害。细菌对人的杀伤力还是很强的，但它们又是无孔不入的，让人防不胜防。

有人说，江河的水能自清。这是诅咒我的话意。不是骂我早点饿死，就是讥笑我要在河里自尽。我不自尽，江河的水怎么会清呢？

然而，在那样肥美的河“肠”江“心”里游来游去，好不快活，我又怎肯无端自杀，更何至于白白地饿死？

然而，毕竟河水是自清了。美国芝加哥大学有一位白发斑斑的老教授曾在那高高的讲台上说过：当他在壮年的时候，初从巴黎游学回来，对于我极感兴趣，曾沿着伊利诺河的河边检查我菌儿的行动。他在上游看见我是那样的神气，是那样的热闹，几乎每一滴河水里都围着一大群。到了下游，我就渐渐地稀少了。到了欧他奥的桥边，我更没有精神了。他当时心下细思量，河里的微生物是怎样没落的呢？难道河水自己能杀菌吗？

河水于我，本有恩无仇。无奈河水里常常伏着两种坏东西在威胁我的生存。它们也是微生物。我看它们是微生物界的捣乱分子，专门和我作对。

它们比我大些，是动物界里的小弟弟。科学家叫它们“原虫”，恭维它们做虫的“原始宗亲”。我看它们倒是污水烂泥里的流氓强盗。最讨厌的是那鞭毛体的原虫。它的鞭毛比我的既粗又大，也活动得厉害，只要那么一卷，便能把我一口吞吃而消化了。

对比

科学家眼中的原虫，在细菌看来是强盗，强调了细菌对原虫的厌恶、痛恨之情。

它的家庭建筑在我的坟墓上，我怎能不恨！

还有一种原虫，它的体积只有我的几千分之一，可以很自由地钻进我身体里，去胀破我那已经很紧的细胞。因此科学家就唤它作“噬菌体”。你看它的名字就已明白是和我作对的。它真是小鬼中的小鬼！

水，什么水？湖水。静静的，平平的，明净如镜，树影蹲在那儿，白天为太阳哥拂尘，晚上给月亮姐洗面，若没有船儿去搅它，没有风儿去动它，绝不起波纹。在这当儿，我也知道湖上没有什么好买卖，也就悄悄地沉到湖底归隐去了。

这时候，科学家在湖面寻不着我，在湖心也寻不出我，于是他又夸奖那停着不动的湖水有自清的能力呀。

可是，游人一至，游船一开，在酣歌醉舞中瓜皮与果壳被乱抛，鼻涕和痰花四溅，那湖水的情形又不同了。

暗讽

本来平静清洁的湖面因为游人胡乱的作为，而导致了细菌滋生。这里的游人暗指那些没有道德、往湖里乱丢垃圾的人，具有很强的警示作用。

水，什么水？泉水，自流井的水，地心喷出来的水。那水才是清。那儿是我不易走近的。那儿有无数的石子沙砾绊住我的鞭毛，牵着我的荚膜不放行。这一条是水国里最难通行的险路。虽然有时我还冒着险前冲，但都半途落荒了。

名师解读

原来世上真有无菌的水，那就是从地下流出来的水，这种水只含有矿物质，细菌很少甚至没有。

水，什么水？海水。这是又咸又苦的盐水。咸鱼、咸肉、咸蛋、咸菜，凡是咸过了七分的东西，我就不肯吃了。最适合我胃口的咸度，莫如血、泪、汗、尿等，那些人身上流出的水。

如今这海水是纯盐的苦水，我又怎愿意喝？

不过，海底还是我的第一故乡，那儿有我的亲戚故旧，是我曾受过几千万年浸润的地方。现在飘游四方，偶尔回到老家，对于故乡的风味，我也有些流连不忍离去。

叙述

此处作者写出有些菌类会在海上发光，产生一种叫磷光的现象，吸引着读者的注意力。

我在水里有时会发光。所以在黑夜里，在海上行船的人，不时望见的那一望无际的海面发出一闪一闪的磷光中也夹着一星一星我的微光。

我自从别了雨水以来，一路上弯弯曲曲，看见了不少的风光人物：不忍看那残花落叶在水中荡漾，又好笑那一群喜鸭在鼓掌大唱；不忍听那灾民的叫爹叫娘，又叹息那诗人的投江！

五月的东风，
吹来一片乌云，
遮满太平洋的天空。
我到了大海，
观看江口河口的汹涌澎湃。
涌起了中国的怒潮！
冲倒了对岸的狂流！
击破了那翻天的白浪！
洗清了人类的大恨！
…………

感叹

作者连续使用感叹句，增强了行文的气势和艺术美，读起来朗朗上口。

看到这里，我想，那些大人们争权夺利的大斯杀，和我这微生物小子有什么相干呢？

精简点评

水是人类赖以生存的资源，同时也是细菌的乐园。本节介绍了湖河江海中的细菌的情况，指出最好的水是泉水，是从地心上来的水。还告诉了读者两个关于细菌的小常识，一个是太阳的紫外线可以杀菌，一个是河水中有两个细菌的天敌——“原虫”和“噬菌体”。

佳词美句

涸辙之鲋　浩浩荡荡　雪花飞舞　得意扬扬　一望无际

无情的火处处致我灼伤，有情的水杯杯使我留恋。世间唯水最多情！

我当然不到那寂寞荒凉的高峰去过活，但将化未化的美雪仍然是我冬眠的好地方。

不时望见的那一望无际的海面发出一闪一闪的磷光中也夹着一星一星我的微光。

阅读思考

1. 哪种水细菌最喜欢，哪种水细菌最不喜欢？
2. 细菌的天敌是什么？
3. 世界上两条和细菌有关的河叫什么？

消化道的占领

名师解读

在地球上生活着数不清的生物，每一种生物要么依靠无机物生存，要么依靠其他生物生存。为了让种族得到延续，生物们就进化出了不同的“吃东西的本领”。

名师解读

内容说明了细菌并不都是对人类有害的，有一些细菌能帮助消化。所以，我们要对细菌有客观的认识，不能谈菌色变。

除了无情的水、无情的空气、无情的矿盐之外，一切生命的原料都是“有情”的东西，都是有机体，都是各种生物的肉身。

地球上各种生物都有吃东西的本领，也都有被吃的危险。不但大的要吃小的，小的也要吃大的。

在生物界中，我是顶小顶小的生物，但却要吃顶大顶大的东西。不，我什么东西都要吃，只要它不毒死我。一切大大小小的生物，都是我吃的对象。因此，我认为我谋食最便当的途径就是到动物的消化道上去。我渺小的身体，哪一种动物的消化道去不得？

为了吃，我曾走遍天下大小动物的消化道。在平时，我和消化道的主人都能相安无事。我吃我的，它消化它的。有时，我的吃，还能帮助它的消化呢。牛羊之类吃草的动物，它们的肚肠里若没有我，那些生硬的草的纤维素就不易被消化了。

我到处奔走求食，在消化道上有深久的阅历。我以为环境最优良、最丰腴的消化道，要数人类的肚肠了：

人类的肚肠，是我的天堂。
那儿没有干焦冻饿的恐慌，
那儿有吃不尽的食粮。

人类的肚子是弱小动植物的坟墓。生物到了他的口里，早已一命呜呼了，独有我菌儿这一群，能偷偷地渡过他的胃汁。于是他肠子里的积蓄，就变成了我的粮仓食库。在消化过程中的菜饭鱼肉，就变成了我的沿途食摊。在这条大道上，我一路吃，一路走，冲过了一关又一关，途中风光景物真是美不胜收，几乎到处都拥挤不堪。我真可谓饱尝人中的滋味了。然而，我有时也曾厌倦了这种油腻的生活，巴不得早点溜出肛门之外呀。

在平时，我的大部分菌众，始终都认为人类的肚肠是最美满的乐土。尤其是在这人类当家做主的时代，地球上的食粮尽归他所统治，他的消化道实在是食物的大市场、食物的王国啊。我若离开他的身体再到别的地方去谋生，那最终是要使我失望的啊。

这种道理，我的菌众似乎都很明白。因此，不论远近，只要有机可乘，我就一跃登入人类的大口。这是占领消化道的先声。

作者提醒人们引起口臭的原因是平时嘴里有太多的残渣，导致细菌大量繁殖，黏膜被破坏发生病变。所以，保持口腔的清洁，能减少细菌的产生和存留。

在人类的大口里就有不少的食物的渣滓和皮屑，都是已死去的动植物的细胞和细胞的附属品，在齿缝舌底之间填积着，可供我浅斟慢酌，也可以让我兴旺一时了。然而，我在大口里是站不住脚的。口津如温泉一般川流不息，吞食的动作又把我卷入食管里面去了。不然，我一旦得势，攻陷了黏膜，则那张堂皇的大口就要臭烂出脓了。

到了食管，我顺着食管动荡的力量长驱直入，而我的先头部队早已进抵胃的边岸了。扑通一声，我堕入黑洞洞、热滚滚、酸溜溜、毒辣辣的胃汁的深渊里去了。不幸，我的大部分菌众都白白地浸死了。剩下了少数顽强的分子，它们有油滑的荚膜披体，有坚实的芽孢护身，都冲过了这消化道上最险恶的难关，安然达到了胃的彼岸。

叙述

人的胃液一旦不足，就会出现胃部问题，那是因为细菌的入侵没有了阻碍，它们可以肆无忌惮地侵略胃的各个部位，从而导致疾病的发生。

有的人，胃的内部受了压迫，酿成了胃细胞怠工的风潮，胃汁的产量不足，酸度太淡，消化力不够强。在这种情况下，我是不怕他的了，就是从来渡不过胃河的菌众也都能踉跄地过去了。

有的时候，胃壁上逐渐长出一个团团的怪东西，是一种畸形的、多余的发育。科学家给它一个特殊的名称叫作“肿瘤”。“肿瘤”，这不中用的细胞的大结合，被我毫不客气地占领了，作为我攻击人的特务机关。

一越过了有皱纹的胃的幽门，消化道上的景色就要变成重重叠叠的、有“绒毛”的小肠的景色了。酸酸的胃汁流到了这里已渐渐地减退了它的酸性。同时，黄黄的胆汁自肝来，清清的胰汁自胰腺来，黏黏的肠汁自肠腺里涌出，这些人体里的液汁都有调剂酸性的本能。经过了胃的一番消化作用的食物，一到小肠，就渐渐成为中间性的食物了。中性是由酸入碱必经的一个段落。在这个段落里，我就敢开始我吃的劳作了。

叠词

作者用叠词来说明胆汁、胰汁、肠汁的特点，既形象又有趣，同时交代了这些液体的来源，并突出了它们的作用——调剂酸性。

不过，我还有所顾忌，就是那些食物身上还蕴蓄着不少的“缓冲的酸性”，随时都会发生动摇，而把大好的小肠又有变成酸溜溜的可能。所以在小肠里，我的菌众仍是不肯长久居留，仍是不大得意的啊！

蠕动的小肠，依照它在消化道上的形势和它的绒毛的式样，可分为三大段。第一段是十二指肠。全段只有十二个指头并排在一起那么长，紧接着胃的幽门。第二段是空肠。食物运到这里是随到随空的，不是被肠膜所吸收，就是急促地向下推移。第三段是回肠。它的蜿蜒曲折千回百转的路途，急煞了混在食物里面的我。我的行动是受到了影响，而同时食物的大部分珍美的滋养料，也就在这里都被肠壁的细胞提走了。

文中依次介绍了十二指肠、空肠和回肠的位置、特点和作用，让读者对自己的消化系统有了一个比较全面而具体的了解。

我辛辛苦苦地在小肠的道上一段一段地推进，我的胆子也一步一步地壮起来了。不料刚刚走到酸性全都消失的地方，这些好吃的东西，又都被人体的细胞抢去吃了。我深恨那肠壁四周的细胞。

小肠的曲折，到了盲肠就终止了。盲肠是大肠的起点。在盲肠的小角落里，我发现了一条小小的死胡同，是一条尾巴似的突出的东西，食物偶尔堕落进去就不得出来。我也常常占领它作为攻击人的战壕，而人身上就发生了盲肠炎的恐慌。

后来我又到了大肠。大肠是一条没有绒毛的平坦大道，在腹部里面绕了一个大弯。已经被小肠榨取去精华的食物，到了这里，只配叫作食渣了。这食渣的运输极其迟缓，愈积愈多，拥挤得几乎让我透不过气。我伏在这食渣上，顺着大肠的趋势慢慢往上升，慢慢横着走，慢慢向下降。过了乙状结肠，我又到了直肠。这是消化道上的最后一站，之后就能望见肛门之口了。

食渣一到了大肠最后的一段，一切可供为养料的东西都已被肠膜的细胞和我的菌众洗劫一空，所剩下的只是我无数万菌众的尸身和不能消化的残余，再染上胆汁之类的黄色，这就是大便。

多事的科学家曾费了一番苦心去研究屎的内容。他们发

比喻

作者将大肠比作一条平坦大道，突出了大肠和小肠之间有很大的不同。

列数字

通过列举的数据我们可以看出，人类每天排泄出来的物体中有8克重的菌类，可想而知其数量有多么惊人。

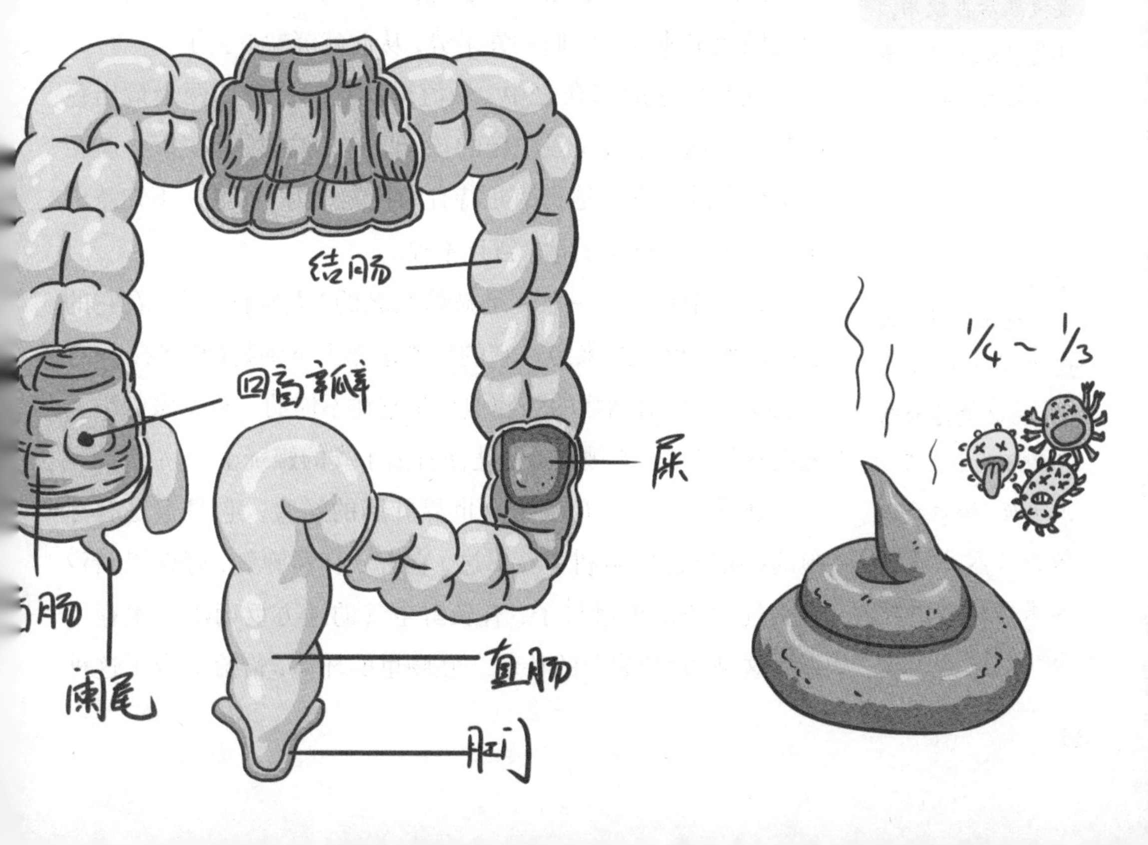

现了屎的总量的 1/4 至 1/3 都是尸，是指我而言。据说，我的菌群，从成人的肛门口所逃出的，每天总有 8 克的重量。由此可以想见，大肠里的情形是如何的热闹了。

然而，在十二指肠的时候，我新从死海里逃生，神志犹昏昏沉沉，我的菌数也寥寥无几。这些大肠里异常热闹的菌众，当然是到了大肠之后才繁殖出来的。我的先头部队，只需在每一群中各选出几位有力的代表做开路的先锋，以后就可以生生世世坐在肠腔里传子传孙了。

在我的先头部队之中，最先踏进肠口的是我最疼爱的一个孩子。它是不怕酸的一员健将，顶顶爱吃的东西就是乳酸。它常混在乳汁里面悄悄地冲进婴儿的消化道里。在婴儿寂寞的肠腔里，孤独悲哀而呻吟的，就是它。它还有一位性情相近的兄弟，是从牛奶房里来的，也老早就到人身的消化道上了。

名师解读

细菌常混在乳汁中，进入婴儿的消化道，说明了病从口入的道理。这也是在提醒读者，喝乳汁的时候要选择高温消毒过的，新鲜的牛奶一定要煮熟后再饮用，尽量杜绝细菌病毒进入口里的可能。

在婴儿没有断乳以前的肠腔，这两兄弟是出了十足的风头，红极一时的。婴儿一断了乳，四方的菌众都纷纷而至，要求它俩让出地盘。它们一失了势，从此就沉默下去了。

这些后来的菌众之中，最值得注意的是我的两个最出色的孩子。这两个都是爱吃糖的孩子。它们吃过了糖之后，就会使那糖发酵。发酵是我菌儿特有的技能。为了发酵，不知惹出了多少闲气。这是后话，暂且不提。

这两个孩子，一个就是鼎鼎大名的“大肠杆菌”。看它的名字，就晓得它的来历。它的足迹遍布天下动物的肚肠，只有鱼、蛤之类冷血动物的肠腔似乎是它住不惯的。科学家曾举它做粪的代表，它在哪儿，哪儿便有沾了粪的嫌疑了。

这里指出了大肠杆菌不适合在鱼、蛤之类冷血动物的肠腔中生存，说明鱼、蛤之类的肠腔与人类及哺乳类动物的肠腔不同。

那另一个，也有游历全世界肚肠的经验。它身上是有芽孢的，旅行也更顺利了。不过，它有一种怪脾气，好在黑暗没有空气的角落里过日子，有新鲜空气的地方反而不能生存下去。这是“厌气菌”的特色。肚肠里的环境，恰恰适合了这种奇怪的生活条件。

我的孩子们有这种怪脾气的很多，还有一个也在肚肠里谋生。它很淘气，常害人得“破伤风”。在肠腔里，它却不作怪。这个孩子本来伏在土壤里面，但在大风刮起漫天尘沙的日子，它的机会就来了。

其实，我要攀登人身上消化道的机会真多着哪！哪一条消化道不是完全公开的呢？我的孩子们，谁有不怕酸的本领，谁能顽强抵抗人体的攻击，谁就能一堑一堑冲进去了。在这人们正忙着过年节的当儿，我的菌众就更加活跃了。

我虽这样占领了消化道，占领了人类的肚肠，仍逃不过科学家灼灼似火的眼光。有时人们会叫肚子痛，或大吐大泻，于是他们的目光又都射到我的身上了，又要提我到实验室审问去了。号称天堂的肚肠也不是我的安乐窝了。

反问

作者运用反问的手法，说明细菌进入人体的方法和途径有很多，起到强调和警示的作用。

转折

这里说明占领消化道的细菌引起了科学家的注意和重视，相信以后会出现更多消灭有害细菌的办法和措施。

精简点评

本节通过介绍菌儿在消化道里的“一日游”，让我们了解了自己的消化系统。同时，作者介绍了细菌喜欢停留在消化道的哪些地方，并告诉读者，细菌停留的时间越久，越容易发生病变，肿瘤的恶化也可能是细菌在作怪，影响人体健康。

佳词美句

一命呜呼　美不胜收　浅斟慢酌　长驱直入　纷纷而至　灼灼似火

在这条大道上，我一路吃，一路走，冲过了一关又一关，途中风光景物真是美不胜收，几乎到处都拥挤不堪。我真可谓饱尝人中的滋味了。

这种道理，我的菌众似乎都很明白。因此，不论远近，只要有机可乘，我就一跃登入人类的大口。这是占领消化道的先声。

我辛辛苦苦地在小肠的道上一段一段地推进，我的胆子也一步一步地壮起来了。不料刚刚走到酸性全都消失的地方，这些好吃的东西，又都被人体的细胞抢去吃了。我深恨那肠壁四周的细胞。

在婴儿没有断乳以前的肠腔，这两兄弟是出了十足的风头，红极一时的。婴儿一断了乳，四方的菌众都纷纷而至，要求它俩让出地盘。它们一失了势，从此就沉默下去了。

它很淘气，常害人得“破伤风”。在肠腔里，它却不作怪。这个孩子本来伏在土壤里面，但在大风刮起漫天尘沙的日子，它的机会就来了。

阅读思考

1. 人体的消化道里都有什么？

2. 消化道中产生的酸溜溜、毒辣辣、热滚滚的液体是什么？

3. 细菌有什么益处？

肠腔里的会议

崎岖的食道，纷乱的肠腔，
我饱尝了“糖类”和“蛋白质”的滋味。
我看着我的孩子们，一群又一群，
齐来到幽门之内，开了一个盛大的会议，
有的鼓起芽孢，有的舞着鞭毛，
尽情地欢宴，
尽量地欢宴。
天晓得，乐极悲来，好事多磨，
突然伸来科学先生的怪手，
我又被囚入玻璃小塔了；
无情之火烧，毒辣之汁浇，
我的菌众一一都遭难了。
烧就烧，浇就浇，我是始终不屈服！
他的手段高，我的菌众多，我是永远不屈服！
这肠腔里的会议是值得纪念的。
这肠腔里的“菌才”是济济一堂的。

从寂寞婴儿的肠腔，变成热闹成人的肠腔，我的孩子们，先先后后来到此间的一共有八大群，我现在一群一群地来介绍一下吧。

俨然以大肠的主人翁自居的“大肠杆菌”；酸溜溜从乳峰之口奔下来的“乳酸杆菌”；以不要现成的氧气为生存条件的“厌氧杆菌”；这三群孩子我在前一章已经提出，这里不再啰嗦了。其他的五大群呢？其他的五大群也曾在肠腔里兴旺过一时。

阅读笔记

拟人

作者用拟人的手法写出了细菌顽强的生命力。而细菌越是顽强，对人体的破坏就越大。

分类说明

作者介绍人体中常见菌类的名称及作用，为读者普及了知识。

第四群，是“链球儿”那一房所出的，它的身子是那样圆圆的小球儿似的，有时成串，有时成双，有时单独地出现。科学先生看见它，吃了一惊，后来知道它在肚子里并不作怪，就给它起了一个绰号，叫作“吃屎链球菌”[1]。链球菌这三字多么威风！这是承认它是“吃血链球菌”的小兄弟了。而今乃冠之以吃屎，是笑它的不中用，只配吃屎了。我这群可怜的孩子，是给科学先生所侮辱了。然而这倒可以反映出它在肠腔里的地位呵！

名师解读

原来链球菌可以杀死人体中的血球，扼杀人们的生命，这种菌类给人类带来的危害最大。为了避免被这种细菌骚扰，我们一定要养成干净卫生的生活习惯，不去不正规的地方献血。

（笔记先生按：最近国民政府有一位姓朱的大将军，据说因为打补血针的时候不当心，血液中毒，得了败血症而死了。那闯进他的血管里面，屠杀他的血球的凶手，就是那著名的吃血链球菌呀！而那吸血的“链球菌”，它有时也曾被吞到肚子里去，不过，肚子里的环境是不容许它有什么暴动的，所以在肚子里它反不如它的小兄弟——吃屎链球菌那样的活跃。这在菌儿它是不好意思直说出来的啊。）

第五群，是“化腐杆儿”那一房所出的，它的小棒儿似的身体，蛮像“大肠杆菌”，不过，它有时变为粗短，有时变为细长，因此科学先生称它作“变形杆菌”。它浑身都是鞭毛，因此它的行动极其迅速而活泼。它好在阴沟粪土里盘桓，一切不干净的空气，不漂亮的水，常有它的踪迹。它爱吃的尽是些腐肉烂尸及一切腐败的蛋白质，它真是腐体寄生物中的小霸王。它在哪儿发现，哪儿便有臭腐的嫌疑。它闻到了这肠腔里臭味冲天，料到这儿有不少腐烂的蛋白质在堆积着，因此它就混在剩余的肉汤菜渣里滚进来了。

名师解读

这里介绍了变形杆菌的一些情况，强调这种细菌喜欢不干净的空气和水，偏爱腐蚀的蛋白质和腐肉烂尸。总之，它们喜欢臭气冲天的地方。所以，当你的肠胃发出这样的味道，就会吸引变形杆菌的到来。

在肠腔里，它虽能安静地干它化解腐物的工作，但它所化解出来的东西，往往含有一点儿毒质，而使肠膜的细胞感到不

---

① 即粪链球菌。

安。科学先生疑它和胃肠炎的案件有关，因此它就屡次被捕了。如今这案件还在争讼不已，真是我这孩子的不幸。

第六群，是“芽孢杆儿”那一房所出。也是小棒儿似的样子，它的头上却长出一颗坚实的芽孢。它的性儿很耐，行动飞快。它的地盘也很大，乡村的土壤和城市的空气中，都寻得着它。它爱喝的是咸水，爱吃的是枯草烂叶。它也是有名的腐体寄生物，不过它的寄生多数都是植物的后身，因此科学先生称它作“枯草杆菌”。它大概是闻知了这肠腔里有青菜萝卜的气味，就紧抱着它的芽孢，而飘来这里借宿了。有那样坚实的芽孢，胃汁很难浸死它，它这一群冲进幽门的着实不少啊。

在新鲜的粪汁里，科学先生常发现一大堆它的芽孢。它亦常到实验室里去偷吃玻璃小塔中的食粮，因此实验室里的掌柜们都十分讨厌它。但因为它毕竟是和平柔顺的分子，在大人先生的肚子里并没有闹过乱子，科学先生待它也特别宽容，不常加以逮捕。这真是这吃素的孩子的大幸。

第七群，是“螺旋儿”那一房所出。它的态度有点不明，而使科学先生狐疑不定。它一被科学先生捉了去，就坚决地绝食以反抗，所以那玻璃小塔里，是很难养活它的。后来还亏东方木屐国有一位什么博士，用活肉活血来请它吃，它的真相乃得以大明。它的像螺丝钉一般的身儿，弯了一弯又一弯，真是在高等动物的温暖而肥美的血肉里娇养惯了，一旦被人家拖出来，才有那样的难养。大概我的孩子们过惯了人体舒适的生活的，都有这样古怪的脾气，而这脾气在螺旋儿这一群，是显得格外厉害的了。

作者生动形象地刻画了“螺旋儿”的外貌特点，这是一种离开血肉的滋养就无法生存的细菌。

虽然，我这螺旋儿，有时候因为寻不着适当的人体公寓，暂在昆虫小客栈里借宿，以昆虫为“中间宿主”。在形态上，在性格上本来已经有“原动物”的嫌疑的它，更有什么中间宿主这秘密的勾当，愈加使科学先生不肯相信它是我菌儿的后裔

叙述

此处为这种“螺旋体”细菌下定义和归类。

了。于是就有人居间调停了，叫它作“螺旋体”，说它是生物界的中立派，跨在动植物两界之间吧。这些都是科学先生的事，我何必去管。

我只晓得，它和我的其他各群孩子过从甚密。在口腔里，在牙龈上，在舌底下，我们都时常会见过。在肠腔里，我们也都在一块儿住，一块儿吃，它也服服帖帖地并不出奇生事。要等它溜进血川血河里，这才大显其身手，它原是血水的强盗。

第八群，是“酵儿”和“霉儿”。它们并不是我自己的孩子，而是我的大房二房兄弟所出的，算起来还是我的侄儿哩。它们都是制酒发酵的专家。不过它们也时常到人类肚子里来游历，所以在这肠腔里集会的时候，它也列席了。

比喻

作者将酵儿比作小山芋，说明酵儿的身体特别肥胖，在细菌中十分显眼。

那酵儿在我族里算是较大的个子，它那像小山芋似的胖胖的身儿是很容易认得的。它的老家是土壤，它常伏在马蜂、蜜蜂之类的昆虫的脚下飞游，有时被这些昆虫带到了葡萄之类的果皮上。它就在那儿繁殖起来，那葡萄就会变酸了，它也就是从这酸葡萄酸茶之类的食物滚进“人山”的口洞里来了。酒桶里没有它，酒就造不成，这在中国的古人早就知道了，不过看不出它是活生生的生物罢了。它的种类也很多，所造出来的酒也各不相同。法国的酒商曾为这事情闹到了胡子科学先生的面前。

叙述

文中介绍霉儿强大的生殖能力，它们不惧天气的变化、温度的高低，还介绍了它们的食性，并通过比较说明其适应性是所有菌类中最强的。

那霉儿，它的身子像游丝似的，几个十几个细胞连在一起。它是无所不吃的生物，它的生殖力又极强，气候的寒热干湿它都能忍耐过去，尤其是在四五月之间毛毛雨的天气里，它最盛行了。因此它的地盘之大，我们的菌众都比不上它。它有强烈的酵素，它所到的地方，一切有机体的内部都会起变化，人类的衣服、家具、食品等的东西是给它毁损了。然而它的发酵作用并不完全有害，人类有许多工业都靠着它来维持哩。

关于这两群孩子的事实还很多，将来也要请笔记先生替它立传，我这里不过附带声明一声罢了。

以上所说的八大群的菌众，先后都赶到大肠里集会了。

“乳酸杆儿”是吃糖产酸那一房的代表。

“大肠杆儿”是在肠子里淘气的那一房的代表。

“厌氧杆儿”是讨厌氧气那一房的代表。

“吃屎链球儿”是球族那一房的代表。

“变形杆儿”是吃死肉那一房的代表。

“芽孢杆儿”是吃枯草烂叶那一房的代表。

“螺旋儿”是螺旋那一房的代表。

“酵儿”和“霉儿”是发酵造酒那两房的代表。

分类说明

此处总结了八大群菌类的代表，梳理上文内容，使文章结构更加工整。

这八群虽然不足以代表大肠的全体菌众，但是它们是大肠里最活跃最显著最有势力的分子了。

在以前几章的自传里，我并没有谈到我自己的形态，在本章里我也只略略地提出。那是因为你们是没有福气看到显微镜的大众，总没有机会会见我，我就是描写得非常精细，你们的脑袋里也不会得到深刻的印象啊。在这里，你们只需记得我的三种外表的轮廓就得了：就是球形、杆形和螺旋形三种啊。

还有芽孢、荚膜、鞭毛也是我身上的特点，这里我也不必详细去谈它。

然而，我认为你们应当格外注意的，就是我在大肠里面是怎样的吃法，这是和你们的身体很有利害关系啊。

我这八群的孩子，它们的食癖，总说起来可分为两大党派：一派是吃糖，糖就是碳水化合物的代表；一派是吃肉，肉是蛋白质的代表。

它们吃了糖就会使那糖发酵变酸。

它们吃了肉就会使那肉化腐变臭。

这酸与臭就是我的生理化学上的两大作用呀。

然而大肠里蛋白质与碳水化合物的分布是极不平均的。

名师解读

这八大群菌类对糖和肉的生理化学反应有好有坏，好处是吃糖变酸，增加肠胃的消化功能和抗菌功效，减少身体里多余的糖分，让身体变得越来越结实；坏处是，细菌吃肉加速肉类的腐化，产生毒质，引发病变，这也是大量的肥胖者多病的原因。

这是乳酸菌对人体有益的一面，它们会吃掉人体中的糖，产出大量的酸，酸可以消灭大部分有破坏性的细菌，保证人体的健康，这也是许多奶制品都含有乳酸菌的原因。

和尚尼姑的大肠里大约是糖多，阔佬富翁的大肠里大约是肉多。

糖多，我的爱吃糖的孩子们，如乳酸杆儿之群，就可以勃兴了。

肉多，我的爱吃肉的孩子们，如变形杆儿之群，就可以繁盛了。

乳酸杆儿勃兴的时候，是对你们大人先生的健康有益的，因为它吃了糖就会产出大量的酸。在酸汁浸润的肠腔里，吃肉的菌众是永远不会得志的，而且就是我那一群淘气的野孩子，偶尔闯进来，也会立刻被酸所扫灭了。所以在乳酸杆儿极度繁荣的肠腔里，“人山”上是不会发生伤寒病之类的乱子的。所

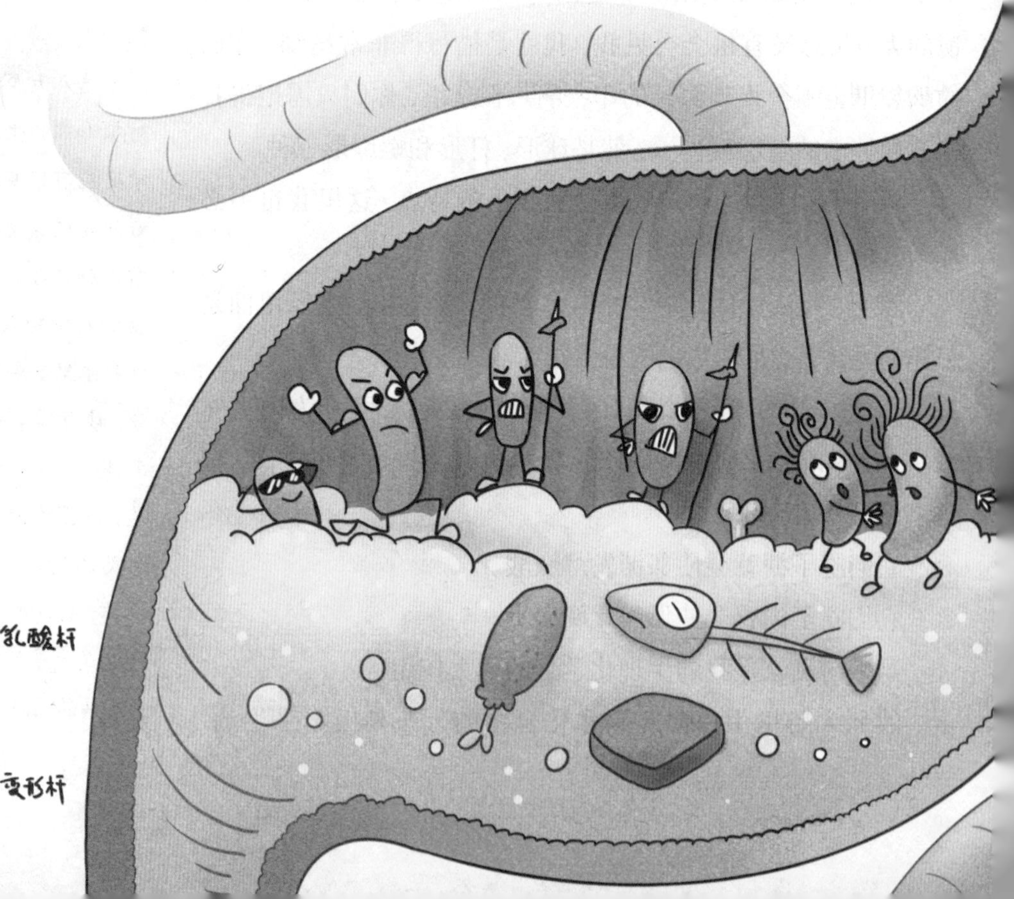

以今天的科学医生常利用它来治疗伤寒。

伤寒的确是你们的极可怕的一种肠胃传染病，是我的一群凶恶的野孩子在作祟。这野孩子就是大肠杆儿那一房所出的。在烂鱼烂肉那些腐败的蛋白质的环境里，它就极容易发作起来。害人得痢疾的野孩子也是这一房所出的。害人得急性胃肠病的也是这一房所出的。它们都希望有大量的肉渣鱼屑，从胃的幽门运进来。还有霍乱那极淘气的孩子，也是这样的脾气。霍乱、痢疾、伤寒这三个难兄难弟和你们中国人是很有来往的，我不高兴去多谈它了。

就是这些野孩子不在肠腔里的时候，如果肠腔里的蛋白质堆积得过多，别的菌众也会因吃得过火，而使那些蛋白质化解成为毒质。

专会化解蛋白质成为毒质的，要算是著名的“腊肠毒杆儿”了，这杆儿是我的厌气那一房孩子所出的。这些厌气的孩子，身上也都带着坚实的芽孢，既不怕热力的攻击，又不怕酸汁的浸润，很容易就给它溜进肠腔里来了。

那八大群的菌众是肠腔会议中经常出席的，这些淘气的野孩子是偶尔进来列席旁听的。我们所讨论的议案是什么？那是要严守秘密的啊！

不幸这些秘密都被胡子科学先生的徒子徒孙们一点一点地查出来了。

于是这八大群的孩子、淘气的野孩子们以及其他的菌众一个个都银铛银铛地入狱，被拘留在玻璃小塔里面了。

这在科学先生是要研究出对付我们的圆满的办法啊。

阅读笔记

作者介绍“腊肠毒杆”的作用，这也是对身体有害的一种菌类。

精简点评

本节用一场盛大的会议引出八大群菌类，这些菌类有好有坏，大多数对人体都是有破坏性的，只有少数细菌对人体有益。作者通过机动灵活的写作手法，把每一个细菌类都写得生动形象，将一些复杂的理论变成通俗易懂的语言，方便读者更好地理解和掌握。

佳词美句

乐极悲来　济济一堂　服服帖帖　和平柔顺　铤而走险　平心静气　无所不吃

崎岖的食道，纷乱的肠腔，我饱尝了“糖类”和“蛋白质”的滋味。我看着我的孩子们，一群又一群，齐来到幽门之内，开了一个盛大的会议，有的鼓起芽孢，有的舞着鞭毛，尽情地欢宴，尽量地欢宴。

天晓得，乐极悲来，好事多磨，突然伸来科学先生的怪手，我又被囚入玻璃小塔了；无情之火烧，毒辣之汁浇，我的菌众一一都遭难了。

它的身子是那样圆圆的小球儿似的，有时成串，有时成双，有时单独地出现。

阅读思考

1. 本节介绍了八种常见的细菌群类，分别是什么？

2. 对人体危害最大的是什么菌体？

3. 本节中的“霉儿”指的是什么？

清除腐物

真想不到，我现在竟在这里，受实验室的活罪。
科学的刑具架在我的身上，
显微镜的怪光照得我浑身通亮；
蒸锅里的热气烫得我发昏，
毒辣的药汁使我的细胞起了溃伤；
亮晶晶的玻璃小塔里虽有新鲜的食粮，
那终究要变成我生命的屠宰场。
从冰箱到暖室，从暖室又被送进冰箱，
三天一审，五天一问，
侦查出我在外界怎样地活动，
揭发了我在人间行凶的真相。
于是科学先生指天画地地公布我的罪状，
口口声声大骂我这微生物太荒唐，
自私的人类，都在诅咒我的灭亡，
一提起我的怪名，
他们不是怨天，就是“尤人”（这人是指我）！

心理描写

这里描写了菌儿被弄到实验室里，心情既愤怒又无奈。

阅读笔记

怨天就是说：“天既生人，为什么又生出这鬼鬼祟祟的细菌，暗地里在谋害人命？”

“尤人”就说：“细菌这可恶的小东西，和我们势不两立，恨不得将天下的细菌一网打尽！”

引用

直接引用上文，表达了人们面对细菌时的无能为力，以及痛恨细菌的心情。

这些近视眼的科学先生和盲目的人类大众，都以为我的生存是专跟他们作对似的，其实我哪里有这等疯狂？

他们抽出片断的事实，抹杀了我全部的本相。

我真有冤难申，我微弱的呼声打不进大人先生的耳门。

现在亏了有这位笔记先生，自愿替我立传，我乃得向全世界的人民将我的苦衷宣扬。

我菌儿真的和人类势不两立吗？这一问未免使我的小胞心有点辛酸！

设置悬念

作者通过这个问题表达了细菌的无奈和辛酸，吸引读者继续阅读，在下文中寻找答案。

天哪！我哪里有这样的狠心肠，人类对我竟生出这样严重的恶感。

在生存竞争的过程中，哪个生物没有越轨的举动？人类不也在宰鸡杀羊、折花砍木，残杀了无数动物的生命，伤害了无数植物的健康。而今那些传染病暴发的事件，也不过是我那一群号称“毒菌”的野孩子，偶尔为着争食而突起的暴动罢了。

正和人群中之有帝国主义者，兽群中之有猛虎毒蛇类似，我菌群中也有了这狠毒的病菌。它们都是横暴的侵略者，残酷的杀戮者，阴险的集体安全的破坏者，真是丢尽了生物界的面子！闹得地球不太平！

我那一群野孩子粗暴的行为虽时常使人类陷入深沉的苦痛，这毕竟是我族中少数不良分子的丑行，败坏了我的名声。老实说这并不是我完全的罪过啊！我菌众并不都是这么凶呀！

名师解读

细菌中有对人类有益的细菌，比如乳酸菌，相对地也会有一小部分粗暴的、破坏力强的。正是这一小部分细菌败坏了整个细菌群体的名声，这就是“一颗老鼠屎打坏一锅汤”的道理。

我那长年流落的生活，踏遍了现在世界一切污浊的地方，在臭秽中求生存，在潮湿处传子孙，与卑贱下流的东西为伍，忍受着那冬天的冰雪，被困于那燥热的太阳，无非是要执行我在宇宙间的神圣职务。

我本是土壤里的劳动者，大地上的清道夫，我除污秽、解固体，变废物为有用。

有人说：我也就是废物的一分子，那真是他的大错，他对于事实的蒙昧了。

名师解读

有人说细菌属于废物，这是不对的。因为细菌可以将垃圾分解成对人类和自然有贡献的物质。比如，它们能将枯叶腐尸分解成植物所需的营养物质，供给农作物和植物养分，让它们产出对人类和自然有益的果实。

我飞来飘去，虽常和腐肉烂尸枯草朽木之类混居杂处，但我并不同流合污，不做废物的傀儡，而是它们的主宰，我是负有清除它们的使命啊！

喂！自命不凡的人类啊！不要藐视了我这低级的使命吧！这世界是集体经营的世界！不是上帝或任何独裁者所能一手包办的！地球的繁荣是靠着我们全体生物界的努力！我们无贵无贱的都要共同合作的啊！

在生物界的分工合作中，我菌儿微弱的单细胞所尽的薄力，虽只有看不见的一点一滴，然而我集合无限量的菌众，挥起伟大的团结力量，也能移山倒海，也能呼风唤雨呀！

我移的是土壤之山，
我倒的是废物之海，
我呼的是酵素之风，
我唤的是氮气之雨。

我悄悄地伏在土壤里工作，已经历过数不清的年头了。我化解了废物，充实了土壤的内容，植物不断地向它榨取原料，而它仍能源源地供给不竭，这还不是我的功绩吗？

反问

作者通过反问的方式，强调细菌对大自然的贡献，说明细菌不是废物。

我怎样地化解废物呢？

我有发酵的本领，我有分解蛋白质的技能，我又有溶解脂肪的特长啊。

在自然界的演变途中，旧的不断地在毁灭，新的不断地从毁灭的余烬中诞生。我的命运也是这样。我的细胞不断地在毁灭与产生，我是需要向环境索取原料的。这些原料大都是别人家细胞的尸体。人家的细胞虽死，它内容的滋养成分不灭，我深明这一点。但我不能将那死气沉沉的内容，不折不扣地照原样全盘收纳进去。我必须将它的顽固的内容拆散，像拆散一座破旧的高楼，用那残砖断瓦、破栋旧梁，重新改建好几所平房似的。

比喻

人们在学习前辈留下的经验，取其精华，菌儿也一样，通过代代相传，保留下了好的一面。

因此，我在自然界里面，有一大部分的职务，便是整天整夜地坐在生物的尸身上，干那拆散旧细胞的工作。虽然有时我的孩子们因吃得过火，连那附近的活生生的细胞都侵犯了。这是它们的唐突，这也许就是我菌儿所以开罪于人类的原因吧！

那些已死去的生物的细胞，多少总还含点蛋白质、糖类、脂肪、水、无机盐和活力素六种成分吧。这六种成分，我的小小而孤单的细胞里面，也都需要着，一种也不能缺少。

内容介绍了细胞中的这六种成分被吸收的难易程度的不同。

这六种中间，以水和活力素最容易消失，也最容易吸收，其次就是无机盐，它的分量本来就不多，也不难穿过我的细胞膜。只有那些结构复杂而又坚实的蛋白质、糖类和脂肪等，我才费尽了力气，将它们一点一点地软化下去，一丝一丝地分解出来，变成了简单的物体，然后才能引渡它们过来，作为我新细胞建设与发展的材料了。

是蛋白质吧，它的名目很多，性质各异，我就统统要使它一步一步地返本归元，最后都化成了氨、一氧化氮、硝酸盐、氮、硫化氢、甲烷，乃至于二氧化碳及水，如此之类最简单的化学品了。

作者把抽象的、不易理解的名词简单化，方便读者更好地理解。

这种工作，有个专门名词，叫作“化腐作用”，把已经没有生命的腐败的蛋白质，化解走了。这时候往往有一阵怪难闻的气味，冲进旁观的人的鼻孔里去。

于是那旁观的人就说："这东西臭了，坏了！"

那正是我化解腐物的工作最有成绩的当儿啊！担任这种工作的主角，都是我那一群"厌气"的孩子。它们无须氧的帮忙，就在黑暗潮湿的角落里、腐物堆积的地方，大肆活动起来！

是糖类吧，它的式样也有种种，结构也各不同，从生硬的纤维素、顽固的淀粉到较为轻松的乳糖、葡萄糖之类，我也得按部就班地逐渐把它们解放了，变成了酪酸、乳酸、醋酸、蚁酸、二氧化碳及水之类的起码货色了。

是脂肪吧，我就得把它化成甘油和脂酸之类的初级分子了。

蛋白质、糖类和脂肪，这许多复杂的有机物，都是以碳为中心。碳在这里实在是各种化学元素大团结的枢纽。我现在要打散这个大团结，使各元素从碳的连锁中解放出来，重新组织适合于我细胞所需要的小型有机物，这种分解的工作，能使地球上一切腐败的东西，都现出原形，归还了土壤，使土壤的原料无缺。

我生生世世，子子孙孙，都在这方面不断努力着，我所得的酬劳，也只是延续了我种我族的生命而已。而今，我的野孩子们不幸有越轨的举动，竟招惹人类永久的仇恨！我真抱憾无穷了。

然而有人又要非难我了，说："腐物的化解，也许是'氧化'作用吧！你这小东西连一粒灰尘都抬不起，有什么能力，用什么工具，竟敢冒称这大地上清除腐物的成绩都是你的功劳呢？"这问题19世纪的科学先生，曾闹过一番热烈的论战。

在这里最能了解我的，还是那我素来所憎恨的胡子先生。他花了许多年的工夫，埋头苦干地在实验，结果他完全证实了

心理描写

菌儿给人类带来的巨大好处，却因为一小部分细菌的危害而导致人类如此仇恨细菌。这里将细菌的委屈写活了，很容易引起读者的共鸣。

发酵和化腐的过程，并不是什么氧化作用。没有我这一群微生物在活动，发酵是永远发不成功的啊！

我有什么特殊的能力呢？

我的细胞里面有一件微妙的法宝。

这法宝，科学先生叫它作“酵素”，中文的译名有时又叫作“酶”，大约这东西总有点酒或醋的气息吧！

这法宝，研究生理化学的人，早就知道它的存在了。可惜他们只看出它的活动的影响，看不清它的内容的结构，我的纯粹酵素人们始终不能把它分离出来。因此多疑的科学先生又说它有两种了：一种是有生机的酵素，一种是无生机的酵素。

那无生机的酵素，是指“蛋白酵”“淀粉酵”之类那些高等动植物身上所有的分泌物。它们无须活细胞在旁监视，也能促进化解腐物的工作。因此科学先生就认为它们是没有生机的酵素了。

那有生机的酵素，就是指我的细胞里面所存的这微妙的法宝。在酒桶里，在醋瓮里，在腌菜的锅子里，胡子的门徒们观察了我的工作成绩，以为这是我的新陈代谢的作用，以为我这发酵的功能是我细胞全部活动的结果，因而以为我菌儿的本身就是一种有生机的酵素了。

我在生理化学的实验室里听到了这些理论，心里怪难受的。

酵素就是酵素，有什么有生的和无生的可分呢。我的酵素也可以从我的细胞内部榨取出来，那榨取出来的东西，和其他动植物体内的酵素原是一类的东西。是酵素总是细胞的产物吧。虽是细胞的产物，它却都能离开细胞而自由活动。它的行为有点像化学界的媒婆，它的光顾能促成各种化学分子加速度的结合或分离，而它自己的内容并不起什么变化。

在化学反应的过程中，这酵素永远是站在第三者的地位，

叙述

科学家研究发现，细菌中含有一种元素叫作“酶”，这种物质与酒或者醋相似。

阅读笔记

名师解读

作者用通俗易懂的话解释了酵素的作用，它就好比化学界的媒介，本身没有什么变化，但是和其他化学分子在一起时，可以加速结合或分离的过程。

保持着自己的本来面目。然而它却不守中立，没有它的参加，化学物质各分子间的关系，不会那样的紧张，不会引起很快的突变，它算是有激动化学的变化之功了。

没有酵素在活动，全生物界的进展就要停滞了。尤其是苦了我！它是我随身的法宝。失去它，我的一切工作都不能进行了。

文中进一步解释了酵素在生物界的作用，同时强调细菌如果没有了酵素，就会失去动力，不能工作了。所以，酵素才是细菌的核心。这里说明了酵素对细菌、对生物界的作用是巨大的。

虽然，我也觉着它有这神妙的作用。我有了它，就像人类有了双手和大脑，任何艰苦的生活，都可以积极地去克服。有了它，蛋白质碰到我就要松，糖类碰到我就要分散，脂肪碰到我就要溶解，都成为很简单的化学品了。有了它，我又能将这些简单的化学品综合起来，成为我自己的胞浆，完成了我的新陈代谢工作，实践了我清除腐物的使命。

这样一说，酵素这法宝真是神通广大了。它的内容结构究竟是怎样呢？这问题，真使科学先生煞费苦心了。

知道了酵素的神通后，读者产生进一步接近酵素真相的冲动，从而引出下文。

有的说：酵素的本身就是一种蛋白质。

有的说：这是所提取的酵素不纯净，它的身体是被蛋白质所玷污了，它才有蛋白质的嫌疑呀！

又有的说：酵素是一个活动体，拖着一只胶性的尾巴，由于那胶性尾巴的勾结，那活动体才得以发挥它固有的力量啊！

还有的说：酵素的活动是一种电的作用。譬如我吧，我之所以能化解腐物，是由于以我的细胞为中心的“电场”，激动了那腐物基质中的各化学分子，使它们阴阳颠倒，而使它们内部的结构发生变动了。

这真是越说越玄妙了！

本来，清除腐物是一个浩大无比的工程。腐物是五光十色无所不包，因而酵素的性质也就复杂而繁多了。每一种蛋白质，每一种糖类，每一种脂肪，甚而至于每一种有机物，都需要特殊的酵素来分解。属于水解作用的，有水解的酵素；属于

阅读笔记

分类说明

此处让读者更好地了解了酵素的性质是多种多样的。

氧化作用的，有氧化的酵素；属于复位作用的，有复位的酵素。举也举不尽了。这些错综复杂的酵素，自然不是我那一颗孤单的细胞所能兼收并蓄的。这清除腐物的责任，更非我全体菌众团结一致地担负起来不可！

酵素的能力虽大，它的活动却也受了环境的限制。环境中有种种势力都足以阻挠它的工作，甚至于破坏它的完整。

环境的温度就是一种主要的势力。在低温度里，它的工作甚为迟缓，温度一高过 70℃，它就很快地感受到威胁而停顿了。由 35℃到 50℃之间，是它最活跃的时候。虽然，我有一种分解蛋白质的酵素，能短期地经过沸点热力的攻击而不灭，那是酵素中最顽强的一员了。

此外，我的酵素，也怕阳光的照耀，尤其怕阳光中的紫外线，也怕电流的振荡，也怕强酸的浸润，也怕汞、镍、钴、锌、银、金之类的重金属的盐的侵害，也怕……

解释说明

这里解释了酵素的作用，由此可以看出酵素在生物界中占据着很重要的地位。

我不厌其烦地叙述酵素的情形，因为它是生物界一大特色，是消化与抵抗作用的武器，是细胞生命的靠山，尤其是我清除腐物的巧妙的工具。

我的一呼一吸一吞一吐，

都靠着那在活动的酵毒，

那永远不可磨灭的酵素。

然而，在人类的眼中，它又有反动的嫌疑了。

那溶化病人的血球的溶血素，不也是一种酵素吗？

那麻木人类神经的毒素，不也是酵素的产物吗？

叙述

内容阐述了细菌虽然有不好的地方，但它的贡献是巨大的，所以不能让细菌灭绝。

这固然是酵素的变相，我那一群野孩子是吃得过火，请莫过于仇恨我，这不是我全体的罪过。

您不见我清除腐物的成绩吗？

我还有变更土壤的功业呢！

这地球的繁荣还少不了我，

我的灭绝将带给全生物界以难言的苦恼，

是绝望的苦恼！

精简点评

本节讲述的是细菌对人类的贡献，它体内有一种叫酵素的物质，其作用巨大，在生物界中很有地位。如果没有它，生物界的运转就会停止，细菌就不会工作，世间万物就无法被分解，那么世界将一片狼藉。

佳词美句

煞费苦心　阴阳颠倒　势不两立　一网打尽　移山倒海　呼风唤雨　返本归元

世界是集体经营的世界！不是上帝或任何独裁者所能一手包办的！地球的繁荣是靠着我们全体生物界的努力！我们无贵无贱的都要共同合作的啊！

在自然界的演变途中，旧的不断地在毁灭，新的不断地从毁灭的余烬中诞生。

我必须将它的顽固的内容拆散，像拆散一座破旧的高楼，用那残砖断瓦、破栋旧梁，重新改建好几所平房似的。

每一种蛋白质，每一种糖类，每一种脂肪，甚而至于每一种有机物，都需要特殊的酵素来分解。属于水解作用的，有水解的酵素；属于氧化作用的，有氧化的酵素；属于复位作用的，有复位的酵素。

阅读思考

1. 为什么细菌在人类眼里那么不堪？
2. 细菌对人类有什么益处？
3. 细菌的“酵素”分为哪两种？

土壤革命

阅读笔记

对比

作者通过对比，突出了细菌存在的必要性。

叙述

这里指出，革命具有破坏和重建的双重意义。但是细菌与土地的关系到底是怎样的，这引起了读者的思考。

土壤，广大的土壤，是我的家乡。

我从不知道时候的时候起，就把生命隐藏在它的怀中。

我在那儿繁殖，在那儿不停地工作，

那儿有我永久吃不尽的食粮。

有时我吃完了人兽的尸肉，就伴着那残余的枯骨长眠；

有时我沾湿了农夫的血汗，就舞起鞭毛在地面上游行。

在人类还没有学会耕种的时候，

我就已经伏在土中制造植物的食料。

有我在，荒芜的土地可变成富饶的田园；

失去我，满地的绿意，一转眼，就要满目凄凉。

在有内容的泥土里，我不曾虚度一刻的时辰，

都为着植物的繁荣，为着自然界的复兴。

有时我随着沙尘而飞扬，叹身世的飘零；

有时我踏着落叶，乘着雨点而下沉；

有时我从肚肠溜出，混在粪中，颠沛流离，

经过曲曲折折的路途，也都回到土壤会齐。

我在地球上虽是行踪无定，

但在土壤里却负有变更土壤的使命。

变更土壤是一种革命的工作，

是破坏和建设兼程并进的工作。

这革命的主力虽是我的菌众，

也还少不了广大的联盟。

土壤，广大的土壤，原是微生物的王国，是微生物的联邦，

有小动物之邦，有小植物之邦。

在小动物之邦里，有我所痛恨的原虫，有我所讨厌的线虫，更有我所望而生畏的蚯蚓、蚂蚁。

在小植物之邦里，有我所不敢高攀的苔藓，有我所称为同志的酵霉，有我所情投意合的放线菌。

看哪！那原虫，我在人身上旅行的时候已经屡次碰见过了。在肚肠里，酿成一种痢疾的祸变的，不是变形虫的家属吗？在血液里，闹出黑热病的乱子的，不是鞭毛虫的亲族吗？变形虫和鞭毛虫都是顶凶、顶狠毒的原虫。它们和我的那一群不安分的野孩子的胡闹，似乎是连成一气的。

它们不但在谋害高贵的人命，连我微弱的胞体也要欺凌。正在土壤里工作的我老远就望见它们了。那耀武扬威的伪足，那神气十足的粗毛，汹汹然而来，好不威风。只恨我受了环境的限制，行动不自由，尽力爬了 24 小时，还爬不到 1 寸远，哪里回避得及，就遭它们的毒手了。

这些可恶的原虫所盘伏的地层也就是我所盘伏的地层。在每 1 克重的土壤里，它们的虫群有时多至 100 万以上，其中以鞭毛虫占大多数。它们的存在给我族的生命以莫大的威胁。它们真是我的死对头。

看哪！那线虫，也是一种阴险而凶恶的虫族，其中以吸血的钩虫尤为凶。它借土壤之一潜伏所，不时向人类进攻。受它残害的，真不知有多少。它真是田间的大患。这本与我无干。我在这里提一声，免得你们又来错怪我土壤里的孩子们。

还有些如蚯蚓、蚂蚁之徒，是土壤联邦显要的居民。它们的块头颇大，面目狰狞，有些可怕，钻来钻去，骚扰地方，又有

微生物包括微小的动物和植物，动物有原虫、线虫、蚯蚓、蚂蚁等，植物有苔藓、酵霉、放线菌等，内容同时阐述了这些生物与细菌之间的关系。

名师解读

原来，给人类带来危害的主要是原虫家族的成员。原虫和细菌虽然都是微生物，但它们有着明显的区别，不能混为一谈。

阅读笔记

些讨厌。不过，它们所走过的区域，土壤为之松软，倒使我的工作更加顺利。我有时吃腻了大动物的血肉，常拿它们的尸体来换换口味，也可以解解土中生活的闷气。

叙述

在菌儿眼中，这些动物的举动是很落后的，因为它们要么对土地有害，要么粗鲁。

这些土壤里的小动物的举动，在我们土壤革命者的眼中要算是落后的了。

土壤里小植物之邦的公民就比较先进了。

虽然那苔藓之群密布在土壤的上层，有娇滴滴的胞体、绿油油的色素，能直接吸收太阳的光能，制造自己的食粮。然而它们对于土壤的革命又有什么贡献呢？恐怕也只是一种太平的点缀品，是土壤肥沃的表征吧。它们可以说是土壤国的少爷小姐，过着闲适的生活。

设问

作者通过设问的方式，说明了菌儿对苔藓的不认同。

土壤里真正的劳动者，算起来都是我的同宗。酵儿和霉儿就是其中很活跃的两种。

酵儿在普通的土壤里还不多见，大多在酸性的土壤里。在果园里、葡萄园里，我们常能遇着它们。没有它们的工作，已经抛弃在地上的果皮、花叶等一切果树的残余，怎么会化除完尽呢？

阅读笔记

霉儿过着极简单的生活，在各样各式的土壤里都有它们在工作。它们这一房所出的角色真不算少，最常见的有“头状菌”“根足菌”“曲菌”“笔头菌”“念珠状菌”，这些怪名都是描写它们的形态的。它们在土中能分解蛋白质为氨，能拆散极坚固的纤维素。酸性的土壤是我所不乐居的，而它们居然也能在那儿蔓延，真是做到我所不能做的革命工作了。

和我的生活更接近的，要算是放线菌一族了。它们那柳丝似的胞体，一条条分枝，一枝枝散开。它们的祖先什么时候和我菌儿分家变成现在的样子，如今是渺渺茫茫无从查考了。但在土壤里，它们仍同我在一起过活。然而，它们的生存条件似乎比我严格点。土壤深到了 1 米，它就渐渐无生望，终至于绝迹了。它在土壤中最大的任务是专分解纤维素，同时似乎又有推动氧化其他有机物之功哩。

最后，我该谈到我自己了。我在土壤联邦里虽个子最小，年纪最轻，但我的种类却最繁，菌众最多，力量也最伟大。

我的菌众差不多每一房每一系，都是在土壤里起家的。所以在那儿，还有不少球儿、杆儿、螺旋儿的后代，也有不少硝菌、硫菌、铁菌的遗族。真是济济一堂。

我的菌众估计起来，每1克重的土壤中竟有300万至2亿之多。虽然，这也要看入土的深浅，离开地面5厘米至22厘米之深，我的菌数最多。以后入土越深，我也就越稀少了。深过了2米，我也要绝迹了。然而，在质地松软的土壤里，我可以长驱直入达到三四米之内。

列数字

此处用数据来说明每克土壤中所含的细菌数量之多。

有这么多的菌群，在那么大、那么深的土壤盘踞着，繁殖着，无怪乎我声势的浩大、群力的雄厚。我的微生物同辈都赶不上了。

我们这一大群一大群土壤联邦的公民，大多数都是革命的工作者。

承上启下

作者在这里总结上文，同时引出下文中关于“革命工作者”的叙述。

土壤革命的工作需要彻底的破坏，也需要基本的建设。因而我们这些公民，又可分为两大派别。

第一派是“营养自给派”，是建设者之群。它们靠着自身的本事，有的能将无机的元素，如硫、氢之类；有的能将无机的化合物，如氨、二氧化氮、硫化氢之类；有的能将简单的碳化物，如一氧化碳、甲烷之类，都氧化变成植物大众的食粮。它们中还有的能直接吸收空气中的二氧化碳，以补充自己。

在建设工作进行中，这派所用的技术又分两种。有的用化学综合的技术，如硝菌、硫菌、氢菌、甲烷菌、铁菌等。我的这些出色的孩子就是这样一群技术能手。看它们的名称就可知道它们的行动了。有的用光学综合技术。那满身都是叶绿素的苔藓就是这一类的技术能手。

然而，没有破坏者之群做它们的先驱，预备好土中的原料，它们也有绝食之忧。

第二派是“营养他给派”，也就是土壤的破坏者之群了。它们没有直接利用无机物的本领，只好将别人现成的有机物慢慢地侵蚀，慢慢地分解，变成简单的食粮，一部分饱了自己的细胞，其余的都送还土壤了。

名师解读

这里解释细菌的破坏是有意图的、有目标的，它们的破坏是为了更好地分解死物、变废为宝，是一种有益的破坏，即土壤革命。

然而有时它们的破坏工作是有些过激了，连那活生生的细胞也要加害。生物界的纠纷都是由此而兴，而互相残杀的惨变也层出不穷了。我所痛恨的原虫就是这样残酷的一群。

至于我菌儿，虽也是这一派的中坚分子，但我和我的同志们（指酵儿、霉儿及放线菌等）所干的破坏工作是有意识地破坏，是化解死物的破坏，是纯粹为了土壤的革命的破坏。

土壤的革命日夜不停地在酝酿着，我们的工作也一刻没有停息过。然而这浩大无比的工程是需要全体土壤公民的分工合作的。破坏了又建设，建设了又破坏，究竟是谁先谁后，如今是千头万绪，分也分不清了。

名师解读

作者总结了两派的关系，同时给开头做出了合理的解释，这两个派系可以说是相爱相杀、相辅相成，缺一不可。

总之，没有“营养他给派”的破坏，“营养自给派”也无从建设；没有“营养自给派”的建设，“营养他给派”也无所破坏。这两派里都有我的菌众在参加。我在生物界地位的重要性是绝对不可抹杀的。而今，近视眼的科学家和盲目的人类大众，若只因一时的气愤，为了我的族群中那些少数不良分子的蛮动而诅咒我灭亡，那真是冤屈了我在土壤里的苦心经营了。

精简点评

本节阐述了细菌和土壤之间的关系，介绍了很多对土壤有益的微生物，以及哪些家伙会破坏土壤。作者还将这些细菌分为“营养自给派”和“营养他给派”两派，它们之间是破坏与重建的关系，相辅相成。

佳词美句

枯骨长眠　望而生畏　情投意合　耀武扬威　面目狰狞　苦心经营

有时我随着沙尘而飞扬，叹身世的飘零；有时我踏着落叶，乘着雨点而下沉。

我们这一大群一大群土壤联邦的公民，大多数都是革命的工作者。

破坏了又建设，建设了又破坏，究竟是谁先谁后，如今是千头万绪，分也分不清了。

阅读思考

1. 破坏土壤、给人类带来危害的原虫有哪些？
2. 什么是“营养自给派”？什么是“营养他给派”？
3. “营养自给派”和“营养他给派”之间有什么关系？

经 济 关 系

阅读笔记

老实说，我的大部分菌众，不像资本家，靠着榨取而生存；不像帝国主义者，靠着侵略而生存；不像病菌，靠着传染病而生存。我的大部分菌众都是善良的细菌，生物界最忠实的劳动者，靠着自身劳动所得而生存。

我在土壤革命的过程中经常担任几部门最重要的工作。这在前章已经讲述过了。

在土壤里，我不但会分解腐物以充实土壤的内容，还会直接和豆科之类的植物合作哩。

在豆根的尖头，我轻轻地爬上它弯弯的根须，爬进豆根的内质，飞快地繁殖起来，由内层复蔓延到外层，使豆根肿胀，长出一粒一粒的“瘤子”。这就是“豆根瘤”。

这样地，我和豆根的细胞达成了密切联络。隐藏在豆根瘤里面的我的菌众都是技术能手。它们都会吸收空气中的氮，再变成硝酸盐，送给豆细胞作为营养的礼物，而同时也接收了豆细胞送给它们的赠品——大量的糖类。

这真是生物界共存共荣的好榜样，一丝儿也没有侵略者的虚伪的气息。

种植豆科植物可以增进土壤的肥沃，这是中国古代的农民老早就知道的。可惜几千年以来，吃豆的人们始终没有看见过我的活动呀。

叙述

这里点明了细菌和豆类植物共存的好处，同时赞扬了中国古代劳动人民的智慧。

直到 1888 年，有一位荷兰国的科学家出来仗义执言。由于他研究的结果，才把我在土壤里的这个特殊功绩表扬了一下。

这是在农业经济上，我对于人类的贡献。

在工业方面，我和人类发生了更密切的经济关系。

在这衣食两项中，我都尽了最大的努力——努力生产。

我原是自然界最伟大的生产力之一。

宇宙是我的地基，地球是我的厂屋，酵素是我唯一神妙的机器。一切无机和有机的物体都是我的好原料。

比喻

作者运用比喻的手法，说明细菌分布很广，同时强调了酵素不可替代的作用。

我的菌众都在共同劳动，共同生产。所造成的东西，也都涓滴归公，成为生物界的共有物了。

不料，野心的人类却想独占，将我的生产集中据为己有。

在显微镜发明以前的时代，他们虽不知道我的存在，却早已发现了我的劳动果实。他们凭着暗中摸索所得的经验，也知道了在人工的环境里面安排好必需的原料，也就能产出我的劳动果实。

阅读笔记

这在当初他们就认为是自然而然的事。到了化学昌明时代，他们又认为这是化学变化的事。谁也想不到这乃是微生物的事呀！

他们所采选的原料，也就是我的天然食料中我的菌众老早就预伏在那里面了。并且在人工的环境都适合我生存的条件时，我也飘飘然地不请自来了。

我不声不响地在那儿工作着，变成了大量的生产品。他们却以为是他们自己的创造与发明。于是他们传之子孙，守为家传秘法。我的劳动果实，居然被人类占有。

从酒说起吧，酒就是我的劳动果实之一。我的亲属们多数都有造酒的天才，尤其是酵儿和霉儿那两房。米麦之类的糖类，各式各样的糖和水果，一经它们的光顾，就都带点酒味了。不过，有的酒味之中还带点酸，带点苦，或带点臭。这显然表示，在菌儿界中，有不少杂色的劳动分子在参加酒的生产呀！这些造酒的小技师各有不同的个性、不同的酵素，而它们所受用的原料又多不同，因而天下酒的气味的复杂性也就很可观了。

叙述

这里说明酵儿和霉儿在酒类酿造中的重要作用，没有它们，就没有酒。

这是酒在自然界中的现象。

插叙

此处插入古代神话故事，为行文增添趣味性，同时说明中国人很早就发明了制酒技术。

传说中，在大禹时代就有了这么一位名叫仪狄的聪明古人，偶尔尝到了一种似乎是酒的味道，觉着香甜可口，就想法子自己动手来造。从此，中国人就都有酒喝了。

西方的国家，也有他们造酒的故事。

于是，什么葡萄酒呀，啤酒呀，白兰地呀，连同绍兴老酒、五加皮酒等都算在一起，酒的花样真是越来越多了。

酒也是随着生产手段的变化而变化的吧！然而在这生产手段中，我却不能缺席。

阅读笔记

在自然界中，酒是我的自由职业。我是造酒的生产力。

在人类的掌握中，我成为造酒的奴隶、造酒的机器了。

奇异而又不足为奇的是，人类造酒的历史已经有几千年了。他们也从不知道有我在活动。

这黑幕终于被揭穿了，又是科学家的功业。他在显微镜下早已侦察好了我的行踪。

有一回，他特制了几十瓶精美的糖汁果液，打开玻璃小塔之门，招请我入内欢宴，结果我所亲到过的地方，一瓶一瓶都有了酒意了。

名师解读

从科学家惊讶的感叹中，我们知道了正是因为有了细菌，才有了发酵的现象，同时说明了细菌并不都是有害的。

于是，他就点头微笑地说："乖乖，微生物这小子果然好本领，发酵的工程都是由它一手包办成功的呀！"

话音未落，他就被法国的酒商请去，看看他们的酒桶里出了什么毛病，怎么好好的酒全变成酸溜溜的了。

他细细地视察了一番，就做了一篇书面的报告，大意是说：

"纯净的酒应该请纯净的酿母菌来制造。酒桶的监督要严密，不可放乳酸杆菌，或其他不相干的细菌混进去捣乱。"

"乳酸杆菌是制造乳酸的专家，绝不是造酒的角色。你们的酒桶就是这样被它弄得一塌糊涂了。这是你们这次造酒失败的大原因。”

他所说的酿母菌，指的就是我那酵儿。

我那酵儿，小山芋似的身子，直径不到 5 微米（1 微米等于一千分之一毫米），体重只有 0.0000098175 毫克。然而算起来，它还是吾族里的大胖子。

酿母菌就是我们通常所说的“酵母”，能把糖发酵成酒精和二氧化碳，是酿酒的重要原料之一。在人类文明史上，酵母是人类最早应用的微生物。

然而科学家只知其一，不知其二。那大胖子并不是发酵唯一的能手。吾族中还有长瘦子，也会造出顶甜美的酒。这长瘦子便是指我的霉儿。

它身着有色的胞衣，平时都爱在潮湿的空气中游荡，到处偷吃食品，捣毁物件，是破坏者的身份。人们又怎么知道它也会生产，也会和人类发生经济关系呢？

原来霉儿那一房所出的子孙很多、很复杂。有一个叫作“黑曲菌”的孩子，不知怎的竟被我们中国台湾地区的人拉去参加制酒的劳动了。现今的中国台湾酒，大半都是由它所制造成的。

举例说明

作者通过举例子，更好地证明了如果没有霉菌的参与，人类就无法酿造出那么多美味可口的酒水。

这一房里还有一个孩子，叫作“黄绿色曲菌”的，也曾被各地酒商聘去做发酵的工程师。不过它所担任的是初步的工作，是从淀粉变成糖的工作。由糖再变成酒的工作，他们又另请酵儿去担任了。

我的菌众当中有发酵本领的，当然不止这几个，还有许多等着科学家去访问呢。这里恕我不一一介绍了。

酒虽然是发酵工业中的主要的生产品，但甘油在这战争的时代也要大出风头了。

过渡段

本段结束了关于酒是细菌发酵的产物的论述，引出下面关于甘油的内容。

甘油，原是制造炸药的原料。请一请酵儿去吃碱性的糖汁，尤其是在那汁里掺进了 40% 的“亚硫酸钠”。它痛饮一番之后，就会造出大量的甘油和酒来了。

不过，还有面包。西洋的面包相当于中国的馒头包子，都是大众的粮食。它们也须经过一番发酵的手续。它们不也是

阅读笔记

我的劳动果实吗？

可怜我那有功无罪的酵儿们，在面包制成的当儿就被人们用不断高升的热力所蒸杀了。面包店的主人一方面是要提防酵儿吃得过火，一方面又担心野菌的侵入，所以索性先下手为强，以保护面包领土的完整。

有时面包热得并不透心。这时候，我的那个叫作“马铃薯杆菌”的野孩子，它的芽孢早已从空气中移驻到面包的心窝了，就乘机暴动起来。于是，面包就变成胶胶黏黏的、有酸味不中吃的东西了。在人类的餐桌上除了面包和酒以外，还有牛奶、豆腐乳、酱油、腌菜之类的食品，也都须靠着我的劳动才能制造成功。

反问

牛奶也需要发酵，这个问题让大家产生疑问，引出下文关于酸牛奶内容。

牛奶，不是牛的奶吗？怎么也要靠着我来制造呢？

这，我指的是一种特别的牛奶——酸牛奶，是比普通牛奶还好的滋补品，是有益于肠胃消化的卫生食品了。

酸牛奶的酸是有意识的酸，是含有抗敌作用的酸。酸牛奶一落到人们的肚子里，我的野孩子们就不敢在那儿逞凶了。

奇异而又不足为奇的是，制造酸牛奶的劳动者就是造酒商人所痛恨的“乳酸杆菌”了！

呵呵！我的乳酸杆菌儿，在牛奶瓶中，却大受人们欢迎了。

举例子

作者举例说明细菌参与多项工作，制作出了很多种食品。

不但在牛奶瓶中有如此盛况，在制造奶油和奶酪的工厂中，它也都受到了厂方的特别优待。这都因为它是专家，有精良的技术，而奶油、奶酪、酸牛奶等都是它对人类优良的贡献。

酸牛奶在保加利亚、土耳其等国是很盛行的。因为它有功于肠胃，所以那儿的居民常恭维它是“长寿的杆菌”。这真是我这孩子的一件美事。

据说，美国的腌菜所用的乳酸也是这乳酸杆菌的出品。不过，他们在乳酸之外，有时还掺进了一些醋酸、酪酸及其他有香味的酸。

这些淡淡浓浓的酸，我也都会制造。法国有一位著名的女化学家，就曾请我到她的实验室里表演造酸的技术。结果，我那个黑色的曲儿表演的成绩最佳。它造成了大量的草酸和柠檬酸。现在市场上所售的柠檬酸，有一大部分都是它的出品。

豆腐乳、酱油之类的豆制食物，却是我的黄绿色曲菌出品的了。这是因为它有化解豆类蛋白质的能力。

总之，在吃的方面，我和人类的经济关系，将来的发展是不可限量的。

不过在许多地方，人类却都提心吊胆的，谨防我来侵犯他们的食品。这是因为我那些野孩子的暴行留给他们的恶劣印象太深刻了。

那新兴的罐头食品工业便是人类食品自卫的一个大壁垒。他们用高压强热的手段来消灭我在罐头境内的潜在势力；又密不通风地封锁起来，使我无缝可入。

穿的方面呢？人类也尽量利用了我的劳力了。浸麻和制革的工业就是两个显著的例子。

设置悬念

在穿的方面，细菌给人类带来了什么样的贡献呢？作者在这里提出问题，吸引着读者的注意力。

在这儿，我的另一班有专门技术的孩子们就被工厂里的人请去担任要职了。

人类在古埃及时代就发明了浸麻的法子了，也老早就雇用了我做包工。可是，像造酒一样，他们当初并没有看出我的形迹来。

浸麻的原料是亚麻。亚麻是顶结实的一种植物组织，是做衣服的上等材料。它的外层，由顽固而有黏胶性的纤维包围着。

浸麻的手续就是要除去这纤维。这纤维的消除又非我不行。我的孩子们有化解纤维素的才能的也不多见。这可见化

强调

文中强调细菌在浸麻中的重要作用。没有细菌除去纤维，浸麻就不会成功。

解纤维素的本事，真是难能可贵了。

这秘密，直到20世纪的初期才有人发觉。从此浸麻的工业者，就开始注意我这有特殊技能的孩子的活动了。于是人们就力图改善它的待遇，在浸麻的过程中严禁野菌和它争食，也不让它自己吃得过火，才不至于连亚麻组织的本身也被吃坏了。

在制革的工厂里面，我的工作尤为紧张。在剥光兽毛的石灰水里，在充满腥气的暗室中，在五光十色的鞣酸里，到处都需要我的孩子们的合作。兽皮之所以能化刚为柔而不至于臭腐，我实有大功。

不过，在这儿，也和浸麻一样，不能让我吃得过火。万一连兽皮的蛋白质都嚼烂了，那可就前功尽弃了。

名师解读

文中说明任何事都需要有一个度，适可而止才行，贡献过头就是破坏，达不到理想的效果。在这里，作者清楚明白地说明了这一点，并没有因为喜爱菌儿就夸大它的优点。

土壤革命补助了农村经济，衣食生产有功于人类的工业。这样看来，我不但是生物界的柱石，还是人类的靠山。

这，我并不是大言不惭。

你瞧！那滚滚而来的臭气冲天的粪污都变成田间丰美的肥料了。这还不是我的力量吗？没有我的劳动，对于粪便的处置，人类简直是束手无策。

由此可见，我和人类并非绝对的对立，并无永久的仇怨！

那对立，那仇怨，也只是我那些少数的淘气的野孩子的妄举蛮动。

通过我和人类层层叠叠的经济关系，也可以了解我们这一小一大的生物间仍有合作的可能啊！

然而，自从实验室里燃起无情之火，我做了玻璃之塔中的俘虏，我的行动被监视，我的生产被占有。从此，我被拘束了。我这自然界中最自由的自由职业者，如今也不自由了。我还有什么话可说！

名师解读

整篇都在说细菌对人类的贡献，最后却出现了反转，这其实是科学家在对细菌进行研究。作者之所以替细菌表达不满和委屈，是为了提醒读者细菌对人类的贡献。

精简点评

本节围绕细菌和人类衣食住行的关系展开叙述，让读者更加全面地了解了细菌给人类带来的经济效益和巨大价值。如果没有细菌，我们就制作不出美食、美酒；如果没有细菌，我们就没有好看的衣服穿；如果没有细菌，土地就没有循环的营养供人类使用；如果没有细菌，就不会有火药的诞生……细菌存在于我们生活的方方面面，我们不能因为细菌里的一小部分“坏蛋”而惧怕整个菌群。在作者看来，细菌的益处大于害处。

佳词美句

涓滴归公　胶胶黏黏　提心吊胆　无缝可入　前功尽弃　大言不惭　束手无策

我的大部分菌众，不像资本家，靠着榨取而生存；不像帝国主义者，靠着侵略而生存；不像病菌，靠着传染病而生存。

土壤革命补助了农村经济，衣食生产有功于人类的工业。

我和人类并非绝对的对立，并无永久的仇怨！

我这自然界中最自由的自由职业者，如今也不自由了。我还有什么话可说！

阅读思考

1. 细菌和土壤有什么关系？
2. 生活中的哪些东西与细菌有关？
3. 你认为细菌的贡献和危害哪个要大一些？

科学小品：细菌与人

色——谈色盲

有些泥古守旧的人，对于色，只认得红，其余的都模糊不清了。他们以为红是大喜大吉，红会升官发财，红能讨老婆、生儿子。其余的色，哪一个配！

有些糊涂肉麻的人，如《红楼梦》里的贾宝玉之流，有特种爱红之癖，把其余的色都抹杀了。其余的色哪里赶得上？

> **反问**
> 作者以贾宝玉为例，说明有些人对红色有特殊的偏好，在他们眼中，只有红色是最美的色彩。

然而，在今日的世界，红似乎又带有危险性了。有些人见了它就猜忌了。不是前不多时，报纸上曾载过，德国有一位青年因用了红领带而被处了6个星期的徒刑吗？

但是，我这里所要谈的并不是这些喜红、爱红和疑红的人，而是另一种人，认不得红的人。

这一种人，对于红，一向是陌生的。

这一种人，见了红以为是绿，见了绿又以为是红。

这一种人，就叫作色盲患者。

色盲患者不是假装糊涂，而实是生理上的一种缺憾。

> **叙述**
> 有些人认为所谓的色盲是装出来的，但世上还真有这样的一群人，这属于生理上的一种缺憾。

这些话，在色盲患者听了，或者能了然；不是色盲的人听了，反而有些不信任了，说是我造谣。

因此，我须从“色”字谈起。

色，这迷离恍惚、变幻莫测的东西，从来就有三种人最关心它。

物理学者关心它的来路、它的结构。

生理学者关心它的现实、它和人眼的反应。

心理学者关心它的去处、它对于心理上的影响。

> **分类说明**
> 这里通过不同职业对同一种事物的关注点的不同，来阐述“色”这个问题。

还有化学学者在研究色料的制造，诗人和美术家在欣赏、调和色的美感，政治家在用色来标榜他们的主义，市政交通当局在用色以表明危险与安全。如此等等的人，对于色，都想利

阅读笔记

用，都想揩油。于是，色就走入歧路了。这些，我们不去细谈。

物理学者说：

色是从光的反映而成。光是从发光体送出来的一种波浪。这一波一浪也有长短。我们看不见太长的，也看不见太短的。

看不见的光，当然是没有色的，然而它们仍在空气中横冲直撞。我们仍有间接的法子去发现它们的存在，如紫外光、X光、死光之类。

举例说明

此处强调了人眼看不见的光不代表它就不存在。

看得见的光，就可以分析而成为种种色了。

大概，发光体所送出的光多不是单纯的光，内容很复杂，因而所反映出的色也就不止一种了。

满天闪闪烁烁的群星都是极庞大的发光体，而和我们最亲热的就是太阳。

地球上一切的光，不，整个太阳系的光，都是来自太阳。

电光、灯光、烛光，乃至于小如萤火虫的光，乃至于更小如某种放光细菌的微光，也都是受了太阳之赐。

太阳的光线，穿过了三棱镜，一受了曲折就会现出一条美丽的色系，由大红，而金黄，而黄，而蓝，而绿，而靛青，而紫。红以上，紫以外，就因光波太长或太短的缘故，不得而见了。而且，这色系之间的演变，又是渐变而不是突变，所以色与色之间的界线就没有理想的那样干脆了。

色之所以有多种，虽是由于光波的长短不齐，然而其实也靠着人眼怎样去受用，怎样去辨识。没有人眼，色即是空；有人眼在，空即是色。这太阳的色系是一切色的泉源。普通的人眼都还认不清，何况所谓色盲的人。

生理学者花了好些功夫去研究人眼，又花了好些功夫研究人眼所能见的色。他们认为，人眼的构造和照相机相似，最里层有一片薄膜，叫作“视网膜”，就好比是底片。一色至一切色的知觉都在这底片上决定。其上又伏有视神经的支脉，可以

名师解读

在生理学家眼中，人眼就像照相机，视网膜就是相机中的底片。“色”对眼睛来说就是知觉，是区别事物之不同的根据。眼睛通过色知道天是蓝的、树是绿的。

直接通知大脑。

色的知觉，可分为两党：一党是无色，一党是有色。

无色之党，就是黑与白及中间的灰色。

有色之党，就是太阳色系中的各色，再加上各种混合的色，如橄榄色、褐色之类。

有色之党，又可分为两派：一派是正色，一派是杂色。

正色，就是基本的色、纯粹的色，有的说只有三种，有的说可有四种。说三种的，以为是红、黄、蓝，又有以为是红、蓝、紫；说四种的，以为是红、绿、蓝、紫，也有以为是红、黄、绿、蓝。

总之，不论怎样，有了这些正色之后，其余的色都可以配合混制而成了。因此，其余的色都叫作杂色。据说，世间的杂色可有1000种之多哩。

太阳、火焰、血的狂流，都是热烈的殷红。晴天的天、海洋的水，都是伟大的深蓝。大地上，不是一片青青的草、绿绿的叶，就是一片黄黄的沙、紫紫的石。这些不都是正色吗?

傍晚和黎明的霓霞、花儿的瓣、鸟儿的羽、蝴蝶的翅、金鱼的鳞，乃至于化学药品展览室里一瓶一瓶新发明的染料，这些不都是杂色吗?

有了这些动人而又迷人、醒人而又醉人的种种的色，使我们的眉目都生动起来，活泼起来。然而外界的引诱力是因之而强化，于是我们有时又糊涂起来，迷惑起来了。我们的心房终于是突突不得安宁了。这一切为的都是色。

这些话都是根据人眼的经验而谈。

然而，色，迷人的色，把它扫清吧！假使这世界是无色的世界，从白天到黑夜，从黑夜到白天，尽是黑、白、灰，这世界未免太冷落寂寞了，太清寒单调了，太无情无义了。

然而，世间就有这么一类的人，对于色是不认识了。大家

名师解读

原来世间所见的颜色都是由三四种正色和1000多种杂色组成的。纯粹的色只有三四种，但是通过调配，居然能变换出那么多颜色，而正是它们构成了这个丰富多彩的世界。

举例说明

大自然中有杂色，人类的生活中同样有很多杂色。杂色无处不在。

看得见的色，他偏看不见，或看得很模糊；或大家看是红，他偏看出绿来；大家看是蓝，他偏看是白；大家看是黄，他偏看是暗灰色。

排比

这里介绍色盲的种类，有全色盲、半色盲，还有一色盲三种。最令人唏嘘的是全色盲，因为他们的眼之所见永远都是黑白灰的世界。

这一类人，有的是全色盲患者，对于一切色，都看不见；有的是一色盲患者，对于某色看不见；有的是半色盲患者，对于色，都看得模模糊糊罢了。

最可怜的，就是那全色盲患者。他的世界完全是黑、白、灰，是无彩色的有声电影的世界。

这些事实，人们是不大容易发觉的。在这奔波逐浪、汹涌澎湃的人海潮里，不知从哪一个时代、哪一位古人起，才有色盲患者，我们是没有法子去考据的。也许有好些读者从来没有听过色盲这个名词；也许你们当中就有色盲的人，但连他自己都还没有发觉。

叙述

文中介绍了色盲症首先被发现，是因为一位科学家本人就是色盲患者。通过他的经历，人们才注意到了色盲这种病症。

科学界注意这件事，是从 18 世纪末英国的化学家道尔顿开始的。这位科学家本身就是色盲患者。他就是认不得红色的色盲患者之一员。

认不得红色是有危险的呀！后来的生理学者、心理学者，都渐渐注意了。他们说：水路、陆路的交通，都是以红色作危险的记号。轮船、火车上的司机，若是红色盲患者，岂不危险吗？十字大街上的红绿灯是指挥不动这些色盲的路人的呀。于是这个问题就为市政和交通当局所重视了。

叙述

内容说明了男性患色盲的人数比女性患色盲的人数多。

色盲虽不是普遍的现象，然而也到处都有，且色盲患者尤以男子为多。

不过，完全色盲的人很少很少。最常有的还是红色盲，其次还有绿盲、紫盲、蓝盲、黄盲，如此之类。

这些色盲患者都是对于某一种正色的朦胧，不认识。对于杂色，他们更是糊涂弄不清了。

然而，红盲的人，听了人家说红就去揣度，有时也自有他

的间接法子。他按照他的自定标准去认识红、解释红，所以人家说红，他也不去否认。这样地，我们要侦察他的实情，是真红盲，还是假红盲，就得用红的种种混合色、杂色，请他来比较一下，则他的内幕就被揭穿了。

医生检查色盲的种种手段，就是按照这个道理。

现在我们的敌人有点假惺惺，口里声声亲善，背后枪炮刀剑。枪炮刀剑似乎是红，亲善又似乎不是红。中国的民众不要变成红盲患者吧！

阅读笔记

精简点评

本节说了一个群体的故事——色盲患者。作者讲述了色盲眼中的世界是什么样子的，同时介绍了“色”在社会不同的领域中有着不同的评价和理解。通过这一节的阅读，我们了解了什么是色盲，以及色盲人群的痛苦。生活中，如果我们遇到了色盲患者，一定不能嘲笑对方，不能在别人的伤口上撒盐。

佳词美句

泥古守旧　迷离恍惚　变幻莫测　横冲直撞　闪闪烁烁　奔波逐浪　汹涌澎湃

红是大喜大吉，红会升官发财，红能讨老婆、生儿子。

这一种人，对于红，一向是陌生的。这一种人，见了红以为是绿，见了绿又以为是红。这一种人，就叫作色盲患者。

没有人眼，色即是空；有人眼在，空即是色。

太阳、火焰、血的狂流，都是热烈的殷红。晴天的天、海洋的水，都是伟大的深蓝。

假使这世界是无色的世界，从白天到黑夜，从黑夜到白天，尽是黑、白、灰，这世界未免太冷落寂寞了，太清寒单调了，太无情无义了。

阅读思考

1. 色的种类是什么？

2. 色盲患者分为哪几种？

3. 你对色盲有什么不同的理解？

声——爆竹声中话耳鼓

在首都，旧历新年的爆竹声，已不如从前那样通宵达旦，迅雷急雨般地齐鸣了。

不知被什么风吹走，今年的爆竹声虽仍是东止西起、南停北响，但须停了好一会儿才接着响下去，无精打采地，既像疏疏的几点雨声，又像檐下的滴漏，等了许久才滴一滴。

比喻

作者非常形象地说明了放鞭炮庆祝新年的人很少，营造出了一种冷清、寂寞的氛围。

在这国难非常严重的年头，凡有带点强为庆贺、强为欢笑之意的声调，本来就不顺耳，索性大放鞭炮热闹一番，倒也可以稍稍振起民气。现在只有这不痛不痒地疏疏几声，意在敷衍点缀新年而了事，听了更加不耐烦了。

不耐烦，有什么法子想呢？

色、声、香、味、触，这五种特觉，只有声是防不胜防，一时逃避不出它的势力范围之外。声音一发，听不听不能由你。这责任一半在于声音的性质，一半在于耳朵的构造。

声音是什么呢？

声音是一种波浪，因此又叫作音波。这音波在空气中游行，使空气的分子受到振荡，一直向前冲，中间经历了无数分散而凝集、凝集而又分散的曲折。

音波是由发音体发出来的。这音波是一波未平，一波又起的，而且每一波的长度都不相等，有时相差很远。

名师解读

文中解释了音波是怎么回事，用形象的语言让读者仿佛“看见”了音波，它就像有长有短的波浪线，这是一种非常奇特的体验。

大凡合于音乐的音波，我们常人的耳朵所能听得到的，最长的波长不过12~21米，最短的波长只有不到25毫米。

这些音波在空气中飞行极快，平均的速率为每秒钟行330~360米，但也要看所穿过的空气的寒暖程度如何。

不论怎样，这些合于音乐的音波是有规则、有韵节的。

不合于音乐的音波就是乱七八糟、没有一点规律、没有韵节的了，所以听了让人讨厌。

名师解读

作者从新年的爆竹声说起，和谐的声音可以使人心情愉悦，反之则越听越心烦。这就告诉我们，声音可以影响人的情绪，所以当我们情绪低落时，不妨尝试听一些舒缓、快乐的音乐。

在从前，新年的爆竹声，家家户户合奏像一阵一阵的交响曲，使人高兴。今年的爆竹声，受了当局不彻底的禁止，受了民间不景气的潮流的影响，好久、好久忽儿发出三四声，短而促，真是不痛快而讨厌。

这是声音的不协调，而叫我感到不耐烦。

耳朵的结构是怎样的呢？

在我们的头颅上，两旁两扇翅膀似的耳翼是收集音波的机器。在有的动物身上，它们还会听着大脑的指挥而活动，然而它们的价值只是加强了声音的浓度和辨别音波的来向罢了。

不谙生理学的中国人，尤其是星相家之流的人，太看重了这两扇耳翼，以为耳的宝贵尽在这里，而且还拿它们的大小作为富贵和寿命的标准。如老子耳长 7 寸，便以为寿；刘先主目能自顾其耳，便以为贵之类的传说。

其实，若不伤及耳鼓，就是割去两扇耳翼，也还听得见，不过声音变得特别一点罢了。这两扇露在外面的耳翼有什么了不得呢？

分类说明

作者介绍了耳鼓膜的结构、形状及位置，让读者对看不见的耳膜有了一个初步的认识。

耳翼里面那一条黑暗的小弄，叫作耳道。耳道的终点有一个圆膜的壁，叫作耳鼓。这耳鼓才是直接接收音波、传达音波的器官。这一片薄薄的耳鼓膜厚不及 0.1 毫米，却也分作三层：外层是一层皮肤似的东西，内层是一层黏膜，中间是一层接连组织。它的形状有点像一个浅浅的漏斗，而那凸起的尖端却不在正中央，略略偏于下面。这样带一点倾斜的不相称的形状，能敏锐地感到音波的威胁而振动。音波的威胁一去，那耳鼓的振动就停止了。所以耳鼓若是完好的，那外来的声音便听得很干脆而清晰了。

紧靠在耳鼓膜的里面有三颗耳骨：一是锥骨，一是砧骨，一是镫骨，各因其形而得名。这三颗耳骨的那一面靠着另一层薄膜，叫作耳窗，又名前庭窗。

这些耳骨是我们人身上最轻、最小的骨。它们的构造是极尽天工的巧妙，只需小小一点音波打着耳鼓，就可以使它们全部振动，那音波便被送进内耳里面去了。

叙述

耳骨是人体中最轻、最小的骨头，作者惊讶于它们的构造之神奇，同时介绍了声波在耳中传播的原理。

内耳里面是伏有听神经的支脉，叫作耳蜗神经。那耳蜗神经的细胞非常灵便，不论多么低微的声音，它们都能接收并传达于大脑。

现在像爆竹这般大而响的声音，我们哪里能逃避不听呢！就是掩着两扇耳翼，空气的分子既受了振荡，总能传进耳鼓里面去呀。

不过，这也有一个限制。空气是无时无刻不受着振荡的。有的振荡的速率太快或太慢，达到了我们的耳鼓上面，就不成其为声音了。

我们一般人所能听到的声音，极低微的振动频率大约是在每秒钟 24 次至 30 次之间。有的人就是低至每秒钟 16 次的振动频率的音波，也能听见。最高的振动频率，要在每秒钟 4 万次以内，才听得见。

叙述

这里介绍了人类能够听到的声音频率，用数字举例的方式让概念简单化，加深读者的印象。

在这里又要看各个人耳朵的感觉如何敏锐了。有的人虽然没有到听不见任何声音的地步，然而对于好些尖锐的声音，如虫鸟的鸣叫，就听不见。

爆竹声的振动频率不太高也不太低，只要距离不太远，是谁都能听见的哩！

现在我们国家有部分人对于敌人的侵略，好像虫声鸟声一般唧唧地在那里秘密讨论。它的振动频率太低了，使我们民众很难听得见。而汉奸及卖国者之流，又似乎放了疏疏几声的爆竹，以欢迎敌兵，闹得全世界都听见了，真是出丑，更令我们听了不耐烦。然而又有什么法子可想呢？

心理描写

此处通过介绍声音，嘲讽了面对侵略时畏缩不前，甚至不惜卖国求荣的人。

精简点评

本节简单介绍了有关声音的知识，开篇由新年的爆竹声引出声音。声音是什么？是音波。音波的频率以每秒24~30次的速度传入人们的耳朵。接着，作者介绍了耳朵的构造、位置及作用。最后，作者在文章的结尾以一段心理描写总结了爆竹声零落的样子，呼应了前文。

佳词美句

通宵达旦　东止西起　南停北响　无精打采　敷衍点缀　防不胜防

既像疏疏的几点雨声，又像檐下的滴漏，等了许久才滴一滴。

声音是一种波浪，因此又叫作音波。这音波在空气中游行，使空气的分子受到振荡，一直向前冲，中间经历了无数分散而凝集、凝集而又分散的曲折。

它的形状有点像一个浅浅的漏斗，而那凸起的尖端却不在正中央，略略偏于下面。

紧靠在耳鼓膜的里面有三颗耳骨：一是锥骨，一是砧骨，一是镫骨，各因其形而得名。这三颗耳骨的那一面靠着另一层薄膜，叫作耳窗，又名前庭窗。

阅读思考

1. 什么是声音？

2. 什么是耳朵？

3. 声音是通过什么途径达到耳朵里的？

香——谈气味

气味在人间，除了香与臭两小类之外，似乎还有第三种香臭相混的杂味吧。

植物香多臭少，动物臭多香少，矿物除了硫、硒、碲三者之外，又似乎没有什么气味了。

这些话是就鼻子的经验所得而谈。

香是鼻子所欢迎的，臭是鼻子所拒绝的，而香臭不甚明了的第三种味，也就马马虎虎让它飘飘然飞过去了。

鼻子是两头通的，所以不但外界冲进来的气味瞒不过它，就是口里吞进去的或胃里呕出来的东西，它也知道。捏着鼻子吃苦药，药就不大苦了。

然而鼻子有时被塞住，如得了伤风及鼻炎之类的疾病，那时即使尝了美酒香果，也是没有平日那么可口了。

气味到底是什么东西组成呢？是不是也和光波、音波一样，也在空气中颤动呢？从前果然有人认为气味的游行也是波浪似的，一波未平，一波又起。而今这种观念却被打破了。

现代的生理学者都认为，气味是从各种物体发出来的细粉。这细粉大约是属于气体吧。

但若在半途遇到了鼻子，就飘进了鼻房里面，在顶壁下，和嗅神经细胞接触，不论是香是臭，或香臭相混，大脑顷刻就知道了。

据说，同属一类的有机化合物，结构愈复杂，气味也愈浓。这样看来，气味这东西似乎又是化学结构上“原子量”的一种作用了。

因此，要把世间的气味一一分门别类起来，那问题便不如起初料想得那样简单了。

叙述

这里介绍了气味大致分为两种——香和臭，对下文关于气味的论述起到提纲挈领的作用。

叙述

鼻子不只能接触外界传来的气味，还可以感受到入口或者吐出来的气味。

名师解读

这种说法有一定的道理，就好比豆腐，通过一系列的加工，使其结构发生变化，成了臭豆腐，味道相比豆腐本身浓厚了很多。现实生活中这样的例子有很多。有些化学制品本身的味道不是很重，但是添加了一些原料后，味道会越来越刺鼻。

作者认为社会进步得越快，人类在生理机能上的退化就越甚，这是因为随着先进设备和技术的成熟，人体的机能慢慢被取代了。在这里，作者通过鼻子来解释这个道理，说理透彻，发人深省。

于是我想鼻子真是一副极灵巧的器官啊。无论什么气味，多么细微，多么复杂，它都能分辨出来。

鼻子在所有特觉当中，资格算是最老的了。

然而文明愈进步，鼻子就愈不灵；生物的进化程度愈高，鼻子的感觉也愈坏。

野蛮民族，如美洲红人、原始人之类，他们的鼻子都比现代人灵得多。他们常以鼻子侦察敌人，审查毒物，从而脱离危险。

狗的鼻子是非常敏锐的。无论地上留有多么细微的气味，它都能追寻到原主。然而它也只认为熟人的气味才是好气味。如果是生人，即使你满身都是香的，它也要对你狂吠几声，因为你不是它圈子以内的人。

反问

“游历考察”让平淡的语句变得生动起来，增添了阅读的趣味性。

昆虫的嗅觉似乎也很灵，不然房子里一放了食物，蟑螂、蚂蚁之类的虫儿，怎么就知道出来游历考察呢？

气味的感觉也是当局者迷，外来者清。鼻子有时也是会倦的，也只有几分钟的热心。所以古人说：“入鲍鱼之肆，久而不闻其臭；入芝兰之室，久而不闻其香。”在生理学上看来，这句老话倒也不错。很多人总不觉得自己屋子里有臭味，一到外头去跑跑，回来就知道了。

气味有时也会倚强欺弱，一味为一味所压迫、所遮蔽、所中和。所以两味混在一起，有时我们只闻见这味，而闻不到那味。如尸体的味一经石炭酸的洗浸之后，就只有石炭酸的气味了。

举例子

文中举例说明两种气体相遇后发生的变化，正是由于这种变化，人类才有了发明香水的机会。

因此，人们常用以香攻臭的战术来消灭一切不愿闻的气味。这种巧妙的战术，是被有钱的妇女充分地利用了。这也是香粉、香水之类化妆品的入超原因之一吧！

肉的气味，对任何人来说都是一样的，本来没有什么难闻。然而不幸有的人常常发散特种的气味，则不得不借香粉、香水之力以遮蔽了。然而又有的人竟大施其香粉政策以取媚于其腻友，或在社交上博得好声誉。

香粉、香水之类的东西是和蜂采蜜一般，从花瓣、花蕊里面采出来、榨出来的。究竟不是肉的本味，而是偷来的气味，似乎有些假。

因此，我还有一首打油诗送给偷香的贵人们：

窃了花香做肉香，
花香一散肉香亡。
剩下油皮和汗汁，
还君一个臭皮囊。

引用

作者使用打油诗，以风趣幽默的语言来说明香水的味道再好也是“偷”来的。借此讽刺了一些表面风光靓丽，内在却腐败不堪的人。

据说气味这东西与心理还有些联络。所以讨厌这个人也讨厌这个人的味，欢喜另一个人也欢喜那个人的味。这是常有的事，况且还有闻着气味而动了食指的君子呢。

气味这东西真是不可思议了。

在这个年头，气味有时使我们气闷，使我们掩了鼻子不是，不掩鼻子又不是。掩了鼻子又有不亲善的嫌疑，不掩鼻子又有人说你的鼻子麻木了，不中用了。

暗讽

作者借气味的不同讽刺了当时社会中的一些不良风气。

社会上有许多事是臭而又臭，绝没有一点香气的，又不是第三种的杂味可以让它飘过去的，真是左右为难啊。

精简点评

本小节讲述的是气味的小知识。关于气味你了解多少呢？气味在我们的生活中无处不在，却往往很容易被我们忽略。在这一节中，作者在介绍气味知识的同时，对一些丑陋的人和现象进行了揭露和讽刺，升华了文章的主题，引发读者的思考。

佳词美句

马马虎虎　分门别类　当局者迷，外来者清　倚强欺弱　不可思议　左右为难

古人说：“入鲍鱼之肆，久而不闻其臭；入芝兰之室，久而不闻其香。”

香粉、香水之类的东西是和蜂采蜜一般，从花瓣、花蕊里面采出来、榨出来的。

据说气味这东西与心理还有些联络。所以讨厌这个人也讨厌这个人的味，欢喜另一个人也欢喜那个人的味。这是常有的事，况且还有闻着气味而动了食指的君子呢。

阅读思考

1. 什么是气味？
2. 鼻子的作用是什么？
3. 为什么说香水的香味是人们“偷”来的？

味——说吃苦

国内有汉奸，国外有强敌；爱国受压迫，救国遭禁止。在这个年头，我们国民有说不出的苦，有说不尽的苦。这苦真要吃不消了。

在这个苦闷的年头，我不由得想起春秋战国时代那一位报仇雪耻、收复失地的国君——越王勾践。

当时越国被吴国侵略，几至于灭亡，勾践气得要命。他弃了温软的玉床锦被不睡，而去躺在那冷冰冰的、硬生生的、由二三十根树枝和柴头搭成的柴床上，皱着眉头，咬着牙关，在那里千思万想——怎样救亡，怎样雪耻。

想到不能开交的时候，他又伸手取下壁上所挂的黑黄色的胆，放在口里尝一尝。不知道是猪胆还是牛胆，大约总有一点很难尝的苦味吧。

这种卧薪尝胆、不忘国难国耻的精神，真是千古不能磨灭。现在我们民族已到了生死存亡的关头，正是我们举国上下共同吃苦的时期。这个越王勾践发愤救亡图存的史实，不应看作老生常谈，过于平凡，实当奉为民族复兴的警钟，有再提重提的必要。

卧薪尝胆，是要尝目前的苦味，纪念过去的耻辱，努力自救，既以免生将来更大的惨变，复可争回民族固有的健康。

但对于苦味的意义，我们都还没有一番深切的了解吗？

为什么尝一尝胆的苦味，就会影响国家的存亡呢？

这是因为胆的苦味触动了舌头上的神经，而神经立刻通知大脑，使大脑顿时感到苦的威胁了，由小苦而联想到大苦，由小怨而联想到大怨，由一身的不快而联想到一国的大恨，由局部的受侵害而全民族震撼了。胆的味虽小，但若我们民众个

叙述

此处简单介绍了时代背景，指出在特殊时代下，中国人在精神和肉体上所承受的苦，引出下文。

名师解读

作者向我们阐述了苦胆的滋味，以及苦味传递给大脑的过程，让我们对苦这种滋味有了新的认识。尝一尝苦的滋味怎么会和国家存亡有关呢？其实没有实际的关系，但是这种行为能让人时刻记住家国之苦，从而激励自己更勇敢地前进。

个都抱着尝胆的决心，那力量是不可侮的。

大脑分派出的感觉神经，在舌头的肉皮下四面埋伏着。那些神经的最前线叫作“味蕾”，是侦察味之消息的前哨。这些味蕾的外层有好几个扁扁平平的普通细胞，内层则由 6 个或 8 个有特种职务的细胞，叫作“味细胞”的所组成。味蕾不是舌头上处处都有，有的单有一个孤独的味细胞散在各处，也就能知味了。所以味蕾好比一队一队的武装警察，味细胞就好比是单身的便衣侦探了。从口里来往的客货，通通要经过它们的检查盘问。

名师解读

作者解释了舌头的作用，把口比喻成客栈，把舌头上的味蕾比喻成警察或者便衣，对入口的东西进行常规检查，然后将它们分门别类，报告给大脑。这样轻快的语言更容易让人理解。

运到口里的客货，大部分都是充为食品。那些食品当中有好有坏，有美有丑，一经味蕾审查，没有不被发觉的。虽然，这也不一定十分靠得住。有时，无味而有毒的物品也可以混过去。何况美味的食品，不一定就没有毒。又何况有毒的食品也可以用甜美的香料来装饰。就如我们中国的敌人，一面步步尺尺侵略，一面还要口口声声亲善。倒是胆的味虽苦而无毒，反可以时时刻刻提醒我们要有雪耻精神，要再接再厉地奋斗。

味的发生，是有味物品和味细胞的胞浆直接接触的结果。然而干的物品放在干的舌头上面是没有味的。要发生味的感觉，那物品一定要先变成流体，或受口津的浸润、溶化。这就像民众的爱国观念，须先受民族精神的训练、国际知识的灌溉。没有训练、没有知识的民众，只堪做他人的奴隶、牛马，而不自觉。

作者通过类比，说明人们想要有所作为，就必须有文化知识和爱国精神，能够接受新的思想，明白自己想要的是什么，并且愿意通过勤劳的双手去摘取果实。

味并不是物品所固有，并不是那物品的化学结构上的一种特性。

味是味细胞的特有情绪、特具感觉，受外物的压迫而发动。

蔗糖、饴糖和糖精，三种物品，在化学结构上大不相同，而它们的味却都是甜甜的。糖精的甜味，且 500 倍于蔗糖。

反之，淀粉是与蔗糖一类的东西，反而白白净净，一点味儿都没有。

味又不一定要和外来的物品接触而发生，自家的血液内容，若起了特殊的变化，也会和味发生关系。

叙述

内容解释了糖尿病人和黄疸病人的感觉，以及产生这种感觉的原因。

糖尿病的人，因为血里面的糖太多，有时终日都觉得舌头是甜甜的。

黄疸病的人，因为胆汁无限制地流入血中，因此成天舌底卧面都觉得是苦苦的。

有的生理学者说，这些手续，这些枝节，都不是绝对必要的。只需用电流来刺激味的神经，也会发生味的感觉。用阳极的电来刺激，就发生酸味；用阴极的电，就发生苦味。

总之，味的感觉是味细胞潜伏着的特性，不去触动它，是不会发作的。

在这一点，味仿佛似一般民众的情绪。不论是国内的汉奸，或本地的劣绅；不论是哪里冲来的敌人，东洋还是西洋，谁叫我们大众吃苦头的，谁就激起了大众的公愤，一律要反抗，一律要打倒。

生理学家又说：味的感觉虽有多种，大半不相同，但基本的味、单纯的味，只有四种。哪四种？

设问

文中说明生理学家对味的分类，清楚明白，令人印象深刻。

一种是糖一般的甜，一种是醋一般的酸，一种是盐一般的咸，一种是胆一般的苦。

这四种，再加上香、臭、腥、辣、冷、热、细滑或粗糙，味的变化可就无穷了。这些附加的感觉都不是味，而味的本身却为其所影响，而变成混杂的感觉。

所以我们若塞着鼻子吃东西，许多杂味都可以消除。许多杂味都是靠鼻子的感觉，不是我们舌头真正的感觉呀。

孔子在齐国听到了韶乐，有三个月的光阴不知道肉是什么味。这是乐而忘味，并不是舌头的神经麻木了。舌头的神经万一麻木，就如舆论不自由，是顶苦的苦情啊！

纯甜、纯酸、纯咸、纯苦，这四种单纯的味，在舌头上各有各的势力范围和地盘。舌尖属甜，舌底属咸，舌的两旁属酸，舌根属苦。

生理学者就各依它们的地盘去测验这四味的发生所需要的刺激力之最小限度。

研究的结果是，每 100 立方厘米的清水里面：

盐，只需放 0.25 克就觉着咸；

糖，只需放 0.50 克就觉着甜；

盐酸，只需放 0.007 克就觉着酸；

金鸡纳霜，只需放 0.00005 克就觉着苦。

这里列举数字，说明四味所需要的刺激力之最小限度。

可见我们对于苦有极大的感觉。我们的舌根只需极轻微的苦味，已能发觉了。

真的，我们要知苦，还用不着尝胆哩。

这年头，是苦年头，苦上加苦，身家的苦，加上民族的苦。

苦是苦到头了。现在所需要的是对于苦之意义的认识。要解除苦的羁绊，还是要靠我们吃苦的大众，抱着不怕苦的精神团结起来，努力向前。

精简点评

本小节介绍了吃苦的含义，结合当时的社会背景，我们可以了解到大众百姓生活之苦，这种苦与舌尖味蕾上的苦是相近的。通过对苦的理解和阐述，作者让我们明白了舌头是怎么工作的，也让我们能够理解作者写作时的心情。

佳词美句

报仇雪耻　卧薪尝胆　救亡图存　老生常谈　再接再厉　乐而忘味

一面步步尺尺侵略，一面还要口口声声亲善。

卧薪尝胆，是要尝目前的苦味，纪念过去的耻辱，努力自救，既以免生将来更大的惨变，复可争回民族固有的健康。

为什么尝一尝胆的苦味，就会影响国家的存亡呢？

这是因为胆的苦味触动了舌头上的神经，而神经立刻通知大脑，使大脑顿时感到苦的威胁了，由小苦而联想到大苦，由小怨而联想到大怨，由一身的不快而联想到一国的大恨，由局部的受侵害而全民族震撼了。

这年头，是苦年头，苦上加苦，身家的苦，加上民族的苦。

阅读思考

1. 苦味是如何传递到大脑的？

2. 本节讲述的苦有两层意思，分别是什么？

3. 你是否吃过生活中的苦呢？

触——清洁的标准

人是什么造成的呢？

生理学家说：人是血、肉、骨和神经等各种细胞组织而成的。

化学家说：人是碳水化合物、蛋白质、脂肪等配制而成的。更简单点说，人是糖、盐、油及水的混合物。

> **设问**
> 作者通过一问一答的方式，让读者清楚明白地了解了人的基本构造。

先生、太太、娘姨、车夫、小姐、少爷、女工，不论是哪一种人，哪一流人，在科学家眼光看去，都是一样耐人寻味的活动实验品，一个个都是科学的玩具。

说到玩具，我记起昨天在一位朋友家里看见的一个泥美人。这个美人虽是泥造的，但眉目如生，逼肖真人，也许比我所看见过的真的美人还美一分。泥美人与真美人不同的地方，一是没有生命的泥土，一是有生命的血肉，然而表面都是一样好看，鲜艳可爱。

> **对比**
> 同样是美人，一个有生命，一个没有生命，作者通过这个例子引出下文车夫和贵妇人的比较。

记得不久之前，我到“新光”去看《桃花扇》时，从戏院里飘出来了一位装束时髦的贵妇人，洋车夫争先恐后地抢上去拉生意。那贵妇人，轻蹙蛾眉，装出不耐烦而讨厌的样子，吱的一声，急急地和她后面的一个西装革履的男子跳上汽车走了。我想，那贵妇人为什么这样讨厌洋车夫呢？恐怕都是外面这一层皮的颜色和气味不同的缘故吧！里面的血肉原是一样的呀！

同是血肉，不幸而为洋车夫，整天奔跑，挣扎一点钱，买几块烧饼吃还要养家，哪里有闲工夫天天洗澡，有闲钱买扑身粉，以致汗流污积，臭味远播，使一般贵妇人见而急避。

同是血肉，何幸而为贵妇人，一天玩到晚，消耗丈夫的腰包，涂脂抹粉，香闻十里，使洋车夫敢望而不敢近。

原来我们的皮肤上都沾满了细菌，九成的细菌是白葡萄球菌，对人体没有危害，但是会让人体发出淡淡的酸臭味。身上有细菌不要害怕，只要平时保持干净卫生，尽量不让皮肤受到伤害，就不会让细菌有可乘之机。

阅读笔记

现在让我们细察皮肤的结构，看上面到底有些什么。

皮肤的外层是由无数鱼鳞式的细胞所组成的。这些皮肤细胞时时刻刻都在死亡。同时，皮肤的内层有脂肪腺，时时都在出油；有汗腺，时时出汗。这些死细胞、油、汗，和外界飞来的灰尘相伴，便是细菌最妙的食品。于是细菌，远近来归，都聚集于皮肤毛孔之间，大吃特吃。

这些细菌里面最常见的为“白葡萄球菌”，占90%，每个人的皮肤上都有。这种细菌虽寄食于人，而无害于人，但它的气味却有一点寒酸。

其次为“黄葡萄球菌”，占5%。这种细菌可厉害了。它不甘于老吃皮肤上的污垢，还要侵入皮肤内层去吃淋巴。若被微血管里的白血球看见了，双方一碰头，就会打起仗来。于是那人的皮肤上就会生出疖子，疖子里面有白色的脓液。这里的脓液就是白血球和“黄葡萄球菌”混战的结果。

其他普通的细菌，如“大肠杆菌”“变形杆菌”及“白喉类杆菌”，也有时会出现在皮肤上。但是皮肤不是它们的用武之地，不过偶尔来到这里游历而已。

若皮肤走了霉运，一旦遇到了凶恶狠毒的病菌，如“丹毒链球菌”“麻风杆菌”“淋球菌”之类，那就有极大的危险，不是寻常的事了。

我们既不能停止皮肤流汗出油，又不能避免它和外界接触。所以唯一安全的办法，就是天天洗澡。然而天天洗，还是天天脏，细胞还须天天死，细菌还要天天来。何况在夏天，何况不能常洗之人，如洋车夫等，真是苦了一般体力劳动者了。

虽然，整天在烈日下奔走劳作的劳动者，袒胸露臂，光着两腿，但日光就是他们的保障。日光可以杀菌。他们无时不在日光浴，而且劳动不息，肌肉活泼，血液流通，皮肤坚实，抵抗力甚强。这是他们的天然健康美。细菌可吃其汗，而不敢吃其血，所以他们身上汗的气味虽浓，皮肤病则不多见也。

摩登妇女天天洗濯，搽了多少粉，喷了多少香，蔻丹胭脂，无所不施，然而她能拒绝细菌不时的吻抱吗？而且细菌顶喜欢白嫩而柔弱的肉皮，谓其易于进攻也。于是达官贵人中的太太、小姐、姨太太等，春天也头痛，秋天也心跳，冬天也发烧，夏天也发冷了。

这样看来，同是肉皮，何必争贵贱。难道这一层薄薄的皮肤涂上一些色彩，便算得健康和清洁的标准吗？

我们再移转眼光去观察鼻孔、咽喉、口腔，以及胃肠各部的清洁程度。

鼻孔的门户永远开放，整天整夜在那里收纳世界上的灰尘。虽经你洗了又洗，洗去了一丝丝的鼻涕，但是一下子，灰尘又携着成千上万的细菌回来了。在北平，大风刮起沙尘时，这两个鼻孔更像两间堆煤栈，而鼻毛是天然的滤斗，把细菌、灰尘都挡住了。这些来拜访的小客人，多半都是“白喉类杆菌”和“白葡萄球菌”。有时它们来势凶猛，就冲进咽喉去了。

咽喉是入肺的孔道，平时四面都伏有各种细菌，如“八叠球菌”“绿链球菌”“阴性格兰氏球菌”之类。若咽喉把守不紧，肺就危险了。

口腔虽开关自主，而一日三餐，说话之间，危机四伏；睡眠之时，张开大口，尤为危险。从口腔，经胃肠，至肛门，这一条大道，自婴儿呱呱坠地以来，即辟为食品商埠，更进而为细菌殖民地。细菌之扶老携幼，移民来此者摩肩接踵，形形色色，不胜枚举，其中以寄居于大肠里面的“大肠杆菌”为最著名，足迹遍布人类之大肠。

这些熙熙攘攘的细菌是为摩登妇人所看不见、洗不净的。于是，她们不得不施以香粉，喷以香水，以掩其臭。这是车夫工人与达官贵人的共同点。车夫之肠固无二于贵人之肠也。

解释说明

这里让读者了解了体力劳动者很少患上皮肤病的原因，揭示了阳光和劳动对身体健康的益处。

反问

在“皮肤上涂上一些色彩”指的是化妆。意在讽刺那些化了妆就自觉高人一等的人。

拟人

作者通过拟人的修辞手法，说明了人体中的细菌数量很多，而其中最有名的就是“大肠杆菌”。

对比

这里把贵人和车夫的身体健康程度做对比，明显是车夫要健康一些，说明了贵人生活方式的不健康。

车夫之屎不加臭，贵人之屁不加香。

然而贵人之食过于精美又不劳动，故而有胃弱肠痛之病；车夫粗食，其胃甚强。这点贵人就又不如车夫了。

贵人、贵妇人等，只讲面子，讲表皮上的漂亮、香甜，而把内在的坚实、纯洁却让给车夫、工人了。

精简点评

本节运用大量的修辞手法来解释人体所接触的一些细菌的名称和种类，通过将贵人和车夫进行比较，来说明贵人虽然物质生活丰富，但是过多的保护影响了身体健康，导致身体自带的抵抗力减弱，细菌一来就全线崩溃，各种疾病就诞生了；车夫虽然每天出汗，身上臭烘烘的，但是由于皮肤每天都直接接触阳光，形成了天然的保护层，反而增强了自身的抵抗力，很少得病。作者在这里不是讽刺富人，抬高穷人，而是想要通过二者的不同来说明一个道理：健康不是装出来的，是通过自己的努力获得的。

佳词美句

眉目如生　轻蹙蛾眉　涂脂抹粉　蔻丹胭脂　熙熙攘攘

这个美人虽是泥造的，但眉目如生，逼肖真人，也许比我所看见过的真的美人还美一分。

我想，那贵妇人为什么这样讨厌洋车夫呢？恐怕都是外面这一层皮的颜色和气味不同的缘故吧！里面的血肉原是一样的呀！

若皮肤走了霉运，一旦遇到了凶恶狠毒的病菌，如“丹毒链球菌”“麻风杆菌”“淋球菌”之类，那就有极大的危险，不是寻常的事了。

1. 人的皮肤上都有什么细菌存在？
2. 细菌在富人和穷人身上有什么区别？
3. 一个人怎样做才算是真正的干净人？

细菌的衣食住行

阅读笔记

衣食住行是人生的四件大事，一件都不能缺少。不但人类如此，就是其他生物也何曾能缺少一件，不过没有人类这样讲究罢了。

细菌是极微极小的生物，是生物中的小宝宝。这位小宝宝穿的是什么？吃的是什么？住在哪里？怎样行动？我们倒要见识一下。

好啊，请细菌出来给我们看一看呀！

不行，细菌是肉眼看不见的东西。幸亏260年前荷兰国有一位看门老头子叫作列文虎克的先生发现了它。列文虎克先生一生的嗜好就是磨镜头。在屋子里，他存着好几百架自制的显微镜。他天天在镜头下观察各种微小东西的形状。有一天他研究自己的齿垢，忽然看见好些微小的生物在唾液中游来游去，好像鱼在大海中游泳一般。这些微小的生物就是我们现在所要介绍的细菌。自从发现细菌以后，经过许多科学家辛辛苦苦的研究，现在我们已渐渐知道它们的私生活的情况了。但是大众对于细菌不过偶尔闻名而已，很少有见面的机会，至于它的衣食住行更是不得而知了。

比喻

作者把细菌的荚膜比喻成衣服，十分形象生动，更易于读者理解。

我们起初以为细菌实行裸体运动，一丝不挂，后来一经详细地观察，才晓得它们大都穿着一层薄薄的衣服，科学的名词叫作荚膜。这种衣服是蜡制的，要把它染成紫色或红色才看得清楚。细菌是顶怕热的。若将它们抹在玻璃片上，再放在热气上烘，顷刻间这层蜡衣都会化走，露出它们娇嫩的肤体。它们又很爱体面。当在人类或动物的体内游历，或在牛奶瓶中盘桓之时，它们穿得格外整齐，而这层蜡衣也显得格外分明。细菌的种族很多，其中以“荚膜杆菌”“结核杆菌”“肺炎球菌”三族衣服穿得特别讲究，特别厚，故而特别容易为我们所认识。

细菌的吃最为奇特而复杂。我们若将它详详细细地分析一下，也可以写成一部食经。在这里不便将它的全部秘密泄露，只略选其大概而已。

细菌好像是贪吃的小孩子。它们一见了可吃的东西便抢着吃，吃个不休，非吃到精光不止。但它们也有只吃荤绝对不吃素的，也有吃素绝对不吃荤的，所以有动物病菌与植物病菌之分。大多数的细菌都是荤素兼吃的。有的细菌荤素都不吃而去吃空气中的氮，或无机化合物，如硝酸盐、亚硝酸盐、阿摩尼亚、一氧化碳之类。此外，还有吃铁的铁菌和吃硫黄的硫菌。更有专吃死肉不吃活肉的腐菌和专吃活肉不吃死肉的病菌。麻风病菌只吃人及猴子的肉，不肯吃别的东西。然而，结核杆菌及鼠疫杆菌等这些穷凶极恶的病菌就很调皮，它们在离开人体到了外界之后，又能暂吃别的东西以维持生活。在吃的方面，细菌还有一种和人类差不多的脾气，那就是太酸的不吃，太咸的不吃，太干的不吃，太淡而无味的也不吃。大凡合人类的胃口也就合它们的胃口。所以人类正在吃得有味的东西，细菌它们也在那里不露声色地偷着吃。

细菌的住，往往和食物是连在一起的，吃到哪里就住到哪里，在哪里住就吃哪里的东西。它们吃的范围是这样广大，它们住的区域也就无止境了。而且它们在不吃的时候也可以随风飘游，它们的子孙便散布于全地球了（别的星球有没有，我们还没有法子知道。从前德国有一位科学家坐氢气球上升到天空中去拜访空中的细菌，发现离地面 4000 米之高还有好些细菌在那里徘徊）。大部分的细菌都是以土壤为归宿，而以粪土中所住的细菌为最多。由土壤而入于水，便以水为家，到了人及动植物身上便以人及动植物的身体为家。还有一种细菌叫作爱热菌，在温泉里也可以过活。

解释说明

人类把细菌分成动物类细菌和植物类细菌，二者之间有明显的区别，让读者对接下来的内容有一个初步的认识。

内容介绍了细菌的食性，和人类的口味差不多。那么，是不是人类吃酸、咸、干或者淡的食物，就不会招惹细菌了呢？答案是否定的，因为细菌的食性是适应环境的结果。

虽然细菌1个小时只能移动4毫米，但是相对于细菌微小的身体来说，这个速度已经非常快了。这就告诉我们，评价一件事物时，标准很重要。

好多种细菌身上都有一根或多根活泼而轻松的鞭毛。这鞭毛鼓舞起来时它们便可在水中飞奔。伤寒杆菌能于 1 小时之内渡过 4 毫米长的路程。这一点路在细菌看来是很远的，因为它们的身长尚不及 2 微米，而 4 毫米却比 2 微米长 2000 倍。霍乱弧菌飞奔得更快，它们可于 1 小时之内渡过 18 厘米长的路程，比它们的身体长 9 万倍，别的生物能跑得这样快的很少。然而细菌若专靠它们自己的鞭毛游动毕竟走得不远。它们是喜欢旅行、喜欢搬家的，于是不得不利用别的法子。它们看见苍蝇附在马尾还能日行千里，老鼠伏在船舱里犹能从欧洲搬到亚洲，于是就想自己何不就附在苍蝇和老鼠身上，岂不是也可以游历天下吗？于是，蚊子、苍蝇就成了它们的飞机，臭虫、跳虱就成了它们的火车，鱼、蟹、蚝、蛤就成了它们的轮船，让它们自由自在地到处观光。不仅如此，它们还会骑人，在这个人身上骑一下又跳到另外一个人身上骑一下。你看，在电车上，在戏院里，在一切公共的场所里，这个人吐了一口痰，那个人说话口沫四溅，都是它们旅行的好机会呀。

精简点评

本节用生动形象的语言介绍了细菌的衣食住行，原来我们不在意的细菌世界也这么丰富多彩。在这一节中，我们对细菌有了更加深入的了解，而对细菌了解得越多，我们就越能防御细菌对身体的侵害，越不会因为细菌而惊慌。

佳词美句

一丝不挂　不露声色　日行千里　自由自在　口沫四溅

好些微小的生物在唾液中游来游去，好像鱼在大海中游泳一般。

细菌好像是贪吃的小孩子。

那就是太酸的不吃，太咸的不吃，太干的不吃，太淡而无味的也不吃。

阅读思考

1. 你从本节中了解了多少关于细菌的知识？
2. 细菌的世界是怎样的？
3. 你知道该如何防范细菌的传播了吗？

细菌的大菜馆

阅读笔记

举例子

神都是人类编造出来的，代表的是人的一种信仰和精神上的寄托。

引用

作者引用达尔文的进化论，使论述更有说服力。

人类开始的那一天，亚当和夏娃在伊甸河畔的伊甸园中唱着歌儿，随处嬉游，满园树木花草散发着袭人的香气。亚当指指天空中的飞鸟，又指指草原上一群牛羊，对夏娃说："看哪！这都是上帝赐给我们的食物呀。"于是，两人一起跪伏在地上大声祷告，感谢上帝的恩惠。

这是一段传说。直到如今，在人类的潜意识中犹都以为天生万物皆供人类的食用、驱使、玩弄。

希腊神话中，奥林匹斯山上一切天神都是为人而有，如爱神司爱、战神司战、谷神司食，因为人而创出许多神来。

我们古老国家的一切山神、土地、灶君、城隍也都是替人掌管，为人而虚设其位。

这些渺渺茫茫的无稽之谈都含有一种自大性的表现，自以为人类是天之骄子，地球上的主人翁。

达尔文的《物种起源》的出版给了这种自大的观念一个迎头痛击。他用种种科学的事实说明了人类的祖先是猴儿，猴儿的祖宗又是阿米巴（变形虫），一切的动物都是远亲近戚。这样一说，人类又有什么特别贵重呢？人类不过是靠一点小聪明得到一些小遗产，走了幸运，做了生物的官，刮了地球的皮，屠杀动物，砍折植物，发掘矿物，以饱自己的肚皮，供自己享乐，乃复造出种种邪说，自称为万物之灵。

布伦费尔先生，美国的一位先进的细菌学家，正在约翰·霍普金斯大学医院实验室里，穿着白衣，坐在黑漆圆凳子上，俯着头细看显微镜下的某种大肠杆菌，忽然听见我讲到"饱自己的肚皮"一句，不禁失声大笑，没有转过头来就接着说：

“饱谁的肚皮呀？恐怕不仅饱人类自己的肚皮吧？你就没想到人类的肚子里还有长期的食客、短期的食客、来来往往临时的食客呀。一个个两条腿走来走去的动物，还是细菌的游行大菜馆呢。”

我本来处于摇摇孤单的地位，硬着胆说了前面的一篇话，已预计会被听众包围问难，被他这一问，倒惊退一步。但他不等我回答，又站起来，回过身倚在实验桌旁，接着侃侃而谈。

“不仅人类的肚皮是细菌的菜馆，狮虎熊象、牛羊犬鼠、燕雁鸦雀、龟蛇鱼虾、蛤蚌蜗螺、蜂蚁蚊蝇，乃至于蚯蚓和蛔虫，举凡一切有脊椎和无脊椎的动物，只需有一个可吃的肚皮或食管，都是细菌的大小菜馆、酒店。不但如此，鼻孔、喉咙还是细菌的咖啡馆，皮肤、毛管还是细菌的小食摊，而地球上一沟一尘，一瓢一勺，莫不是它们乘风纳凉、饮冰喝茶之所。细菌虽小，所占地盘之大，子孙之多，繁殖之速，食物之繁，无微弗至，无孔不入，诚人类所不敢望其项背。所以这世界的主人翁，生物的首席，与其让人类窃称，不如推举细菌。”

叙述

内容突出了细菌的普遍性，普遍到世间万物都存在细菌。

他说到这里顿了一顿时，我赶紧含笑插进去说：

“然则弱小细微的东西从今可以自豪了。你的话一点都不错。强者大者不必自鸣得意，弱者小者毋庸垂头丧气。大的生物如恐龙巨象，因为自然界供养不起，早已绝种。现在以鲸鱼为最大，而大海之中不常见。老虎居深山中，奔波终日，不得一饱，看见丛林里一只肥鹿，喜之不胜，不料又被它逃走了。蚂蚁虽小，而能分工合作，昼夜辛勤，所获食料，可供冬日之需。生物愈小，得食愈易。我不要再拖长了。现在就请布伦费尔先生给我们讲一点细菌大菜馆的情形吧！”

比较

这里形象地说明了体形的大小不是衡量生存能力的标准。

阅读笔记

布伦费尔先生是研究人类肚子里的细菌的专家，深知其中的奥妙。

于是这位穿白衣的科学家又开口了。这一次，他提高了嗓子，用庄严而略带幽默的态度说：

“我们这一所细菌大菜馆，一开前门便是切菜间，壁上有自来水，长流不息，菜刀上下，石磨两列，排成半圆形，还有一个粉红色活动的地板。后面有一条长长的甬道，直达厨房。厨房是一只大油锅，可以放缩，里面自然发生一种强烈的酸汁，一种神秘的酵汁。厨房的后面先有小食堂，后有大食堂，曲曲弯弯，千回百转。小食堂备有咖喱似的黄汁，以及其他油呀醋呀，一应俱全。大食堂的设备较为粗简，然而客座极多，可容无数万细菌，有后门直通垃圾桶。

“形形色色的菌客、菌主、菌亲、菌友，有的挺着胸膛，有的弯腰曲背，有的圆脸儿涂脂抹粉，有的大腹便便，有的留个辫子，有的满面胡须；或摇摇摆摆，或一步一跳，或匍匐而入，或昂然直入；有从前门，有从后门。

“从前门而入者，多留在切菜间，偷吃菜根、肉余、齿垢、皮屑。然而它们常为自来水所冲洗，立脚不定。若吃得过火，它们连墙壁、地板、刀柄都要吃。于是乎，人就有口肿、舌烂、牙痛之病了。

“这一群食客里面，最常来光顾的有六大族。一为圆脸儿的‘小球菌’，二为像葡萄的‘葡萄球菌’，三为珠脸儿的‘链球菌’，四为硬挺挺的‘阳性革兰氏杆菌’，五为肥硕的‘阴性革兰氏杆菌’，六为弯腰曲背的‘螺旋菌’。这些怪姓，经过一次的介绍，恐你们仍记得不清啊。

“在刷牙漱口的时候，这些无赖的客人一时惊散，但门虽设而常开，它们又不请自来了。

“婴儿呱呱坠地的一刹那，这所新菜馆是冷清清的。但一见了空气，一经洗涤，细菌闻到腥秽的气味，就争先恐后，一个个从后门踉跄而入。假如将刚出生的婴儿的肛门消毒，再用一条无菌的浴巾封好，则可经 20 小时之后验胎粪仍杳无菌迹。一过了 20 小时之后，纵使后门围得水泄不通，而前门大开，细菌便已伏在乳汁里面混进来了。

“在母亲的乳汁中混进来的食客以‘乳枝杆菌’一族为最多，占 99%，其中有时夹着几个‘肠球菌’及‘大肠杆菌’。

“假如母亲的乳不够吃，又不愿意雇奶妈，而去请母黄牛做奶娘，由牛奶所带来的细菌就五光十色了。最多数的不是

名师解读

作者介绍了口肿、舌烂、牙痛等常见疾病的病因，原来是细菌在人体内大饱口福的结果。文中的墙壁、地板、刀柄，分别对应人体的口腔、舌头和牙齿。

名师解读

每天刷完牙细菌就走了，过后不久又回来了，那是不是刷牙无用呢？其实不是，现在很多牙膏里都有保护牙齿的成分，每次刷牙时都会在牙齿上涂一层保护膜，从而起到防止细菌入侵的作用。所以，我们要坚持每天刷牙。

阅读笔记

'乳枝杆菌'而是'乳酸杆菌'了。此外还有各种各样的'大肠杆菌''肠球菌''革兰氏阳性菌''厌气菌'等，甚至有时混着一两个刺客，如'结核杆菌'，那就危险了。所以没有严格消毒过的牛奶，不可乱吃呀！

"在成年人肚子饿的时候，油锅里没有菜煮，细菌也不来了。一吃了东西，细菌随之跟着进来，厨房里就拥挤不堪了。但是胃汁是很强烈的，在它们未吃半饱时，就已把它们淹死了，只有几种'抗酸杆菌''芽孢杆菌'还可幸免。但是有胃病的人，其胃汁的酸性太弱，细菌仍得以自全，并且如'八叠球菌''寄腐杆菌'等竟能毫无顾忌地在这厨房里组织新家庭，生出无数菌儿菌孙。而那病人的胃也会一阵一阵地痛了。

叙述

这里介绍了胃痛的原因及始作俑者。

"过了厨房，就是小食堂，那里食客还不多。然而食客到了食堂就流连不忍去，于是有好些都由短期变成长期食客了。这些长期食客中以'大肠杆菌'为最主要。它的足迹走遍天下菜馆。不论是有色人种也好，无色人种也好，它都认得。每个人的肠内都有它在吃。"

说到这里，白衣科学家用他尖长的右手食指，指着桌上那一架显微镜说：

"我在这显微镜上看的就是这一种'大肠杆菌'。其余的食客恕我不一一详举。

"一到了大食堂，就大热闹起来，摇头摆尾，挤眉弄眼，拍手踏足，摩肩攘臂，济济一堂，尽是细菌亲友，细菌本家。有时它们意见不合，争吵起来，扭做一团，全场大乱，人便觉得肚子里有一股气，放不出来。

拟人

此处写出了细菌在人体肠胃中欢聚一堂、把酒言欢的场面，让行文更具趣味性。

"快到后门了，菜渣和细菌及咖喱似的黄汁相拌，一变而为屎。1 斤屎有四五两细菌哩。然而，大部分都因吃得太饱胀死了。

"以上所述，都是安分守己的细菌。还有一群专门捣墙毁壁的病菌，我们不称它们为食客，而叫它们刺客暗杀党。这就再请别的专家来讲吧！”

精简点评

作者运用轻松愉快的语言描述了细菌在人身体里的情况。在作者眼中，人的肠胃就是细菌的大食堂。在这一节中，作者使用了大量比喻和拟人的修辞手法，极大地增强了行文的趣味性，让读者在轻松愉快的阅读中掌握知识。

佳词美句

渺渺茫茫　无稽之谈　天之骄子　侃侃而谈　喜之不胜　长流不息　一应俱全

人类开始的那一天，亚当和夏娃在伊甸河畔的伊甸园中唱着歌儿，随处嬉游，满园树木花草散发着袭人的香气。

细菌虽小，所占地盘之大，子孙之多，繁殖之速，食物之繁，无微弗至，无孔不入，诚人类所不敢望其项背。

一到了大食堂，就大热闹起来，摇头摆尾，挤眉弄眼，拍手踏足，摩肩攘臂，济济一堂，尽是细菌亲友，细菌本家。

阅读思考

1. 我们为什么要刷牙？
2. 牛奶中含有什么细菌？
3. 本节开头为什么要引用神话？

细菌的形态

解释说明

内容解释说明观察细菌所用的仪器，以及操作步骤。

有了一架可以放大至1000倍左右的显微镜，看细菌就是便当的事了。只需将那有菌的东西挑下一点点涂于玻璃薄片上，和以1滴清水，放在镜台上，把镜筒上下旋转，把眼睛搁在接目镜上一看，镜中自然会隐约浮出细菌的原形。

但是，这样看法，就好像半夜醒来，睡眠迷离中望见天空烁烁灼灼的星河星云，看得太模糊、太恍惚了。

阅读笔记

自柯赫先生引用了染色法以来，细菌也施紫涂朱、抹黄穿蓝、盛装艳服起来，显得格外分明鲜秀。

后来的细菌学家相继改良修进，革兰先生发明了阴阳染色法，齐尔、尼尔森两位先生发明了抗酸染色法。于是，细菌经过洗染之后，不仅轮廓明显、内容清晰，而且可做种种的分类了。

就其轮廓而看，细菌大约可分为六大类：一为像菊花似的“放线菌”，二为像游丝似的“丝菌”，三为断干折枝似的“枝菌”（分枝杆菌），四为小皮球似的“球菌”，五为小棒子似的“杆菌”，六为弯腰曲背的“弧菌”。那第六类，有的多弯了几弯，像小小螺丝钉，又叫作“螺旋菌”。

这些细菌很少孤身漂泊，都爱集队合群地到处游行。球菌中，有的结成葡萄儿般的一把一把，数十、数百个在一起，名为“葡萄球菌”；有的连成珠儿般的一串一串，有短有长，名为“链球菌”；有的拼成豆儿、栗子、花生般的一对一对，名为“双球菌”；有的整整四个做成一处，名为“四联球菌”；有的八个叠成立方体，名为“八叠球菌”。

排比

作者运用排比的手法，生动形象地将球菌中五种菌类的名字及外形介绍给读者，给人以深刻的印象。

杆菌中，有的竹竿儿似的一节一节；有的马铃薯般的胖胖的身躯；有的大腹便便，身怀芽孢；有的芽孢在头上，身像鼓槌；有的两端肿胀，身似豆荚；有的身披一层荚膜；有的全身都是毛；有的头上留有辫子；有的既有辫子，又有尾巴，长长短短，有大有小。

细菌都有点阴阳怪气，有的阴盛，有的阳多；有的喜酸性，有的喜碱性。若用革兰先生的染料一染，点了碘酒之后，再用火酒来洗，有的颜色被洗去了，有的颜色洗不去。洗去的就叫作“阴性革兰氏球菌”及“阴性革兰氏杆菌”，洗不去的就叫作“阳性革兰氏球菌”及“阳性革兰氏杆菌”。这阴阳两大类的球菌和杆菌，所以别者，皆因其化学结构及物理性质有所不同，换言之，即它们生理上的作用是不一样的呀。

有一类分枝杆菌，如著名的结核杆菌，满身都是油，很不容易染色。后来齐先生和尼先生把它放在火上烘，烘得油都化走了，再一经染色，就是放在酸汁中浸也洗不退，这就是抗酸染色。这一类杆菌，又被称为抗酸杆菌了。

染色之道益精，菌身的内容益彰。细菌身上或有芽孢，或有荚膜，或有鞭毛。前文已经隐隐提出。芽孢所以传种，荚膜所以自卫，鞭毛所以游动。

除此之外，孢中并非空无一物，有说还有孢核，有说还有色粒，连细菌学家都还没有一律的主见。我们俗人，不管这个。

阅读笔记

解释说明

这里介绍了抗酸杆菌的由来以及对抗酸杆菌的研究过程。

精简点评

本节运用大量的排比等修辞手法解释了细菌的形态，不看不知道，一看吓一跳，原来围绕在我们身边的细菌有这么多种类型，而且每种类型的作用、形态、生存环境都各不相同，让人不得不感叹一句：“大千世界，无奇不有！”

佳词美句

烁烁灼灼　施紫涂朱　盛装艳服　阴阳怪气　空无一物

就好像半夜醒来，睡眠迷离中望见天空烁烁灼灼的星河星云，看得太模糊、太恍惚了。

于是，细菌经过洗染之后，不仅轮廓明显、内容清晰，而且可做种种的分类了。

这些细菌很少孤身漂泊，都爱集队合群地到处游行。

阅读思考

1. 球菌都有什么？
2. 杆菌都有什么？
3. 细菌分为哪六大类？

清水和浊水

去年夏天各省抗旱，今年夏天江河泛滥，农民叫苦连天，饿尸遍野，水的问题够严重的了。

伍秩庸先生论饮水说：

"人身自呼吸空气而外，第一要紧是饮水。饮比食更为重要，有了水饮，虽整天的饿，也可以苟延生命。人体里面，水占七成。不但血液是水，脑浆78%也都是水，骨里面也有水。人身所出的水也很多，口涎、便溺、汗、鼻涕、眼泪等都是。皮肤毛管，时时出气，气就是水。用脑的时候，脑气运动，也是出水。统计人身所出的水，每天75两[1]。若不饮水，腹中的食物渣滓填积，多则成毒。如果能时时饮水，可以澄清肠脏腑的积污，可以调匀血液使之流通畅达，一无疾病。"这一篇话，自然是根据生理学而谈。于此可见，水的问题对于人生更密切了。

名师解读

内容说明了水在人体中的比重很高，人体活动的方方面面都需要水来完成，多饮水还可以排出身体里的毒素，清理肠胃，使血液流畅通达。所以，我们平时应多喝水，这是保证身体健康的前提。

然而，一杯水可以活人，一杯水也可以杀人。水可以解毒，也可以致病。于是水可以分为清水和浊水两种，清水固不易多得，浊水更不可不预防。

18世纪中，英国大化学家卡文迪许在试验氢与氧的合并时，得到了纯净的水。后来法国大化学家拉瓦锡证实了这个试验，于是我们知道水是氢和氧的化合物。这种用化学法来综合而成的水，当然是极纯净极清洁的了。然而这种水实在不可多得，只好用它做清水的标准罢了。

一切自然界的水，多少总含有一些外物。外物愈多则水愈浊，外物愈少则水愈清。这些外物里面，不但有矿物，如普

名师解读

水本身是干净无菌的，但是在流动的过程中，会有外物不断地进入水中，比如土、枯叶、空气中的细菌等。这样，水中的成分就多了起来，清水也就变成了浊水。

① 1两 = 50克。

通盐、镁、钙、铁等的化合物之类，还有有机物。有机物里面，不但有腐烂的动植物，还有活的微生物。微生物里面，不但有普通的水族细菌，如光菌、色菌之类，还有那些专门害人的病菌，如霍乱弧菌、伤寒杆菌、痢疾杆菌之类。

解释说明

作者详细说明了自然界中的水源的分类，并介绍了地面水的种类，让读者在宏观上对水有了一个较为详细的了解。

自然界的水的来源，可分为地面和地心两种。地面的水有雨水、雪水、雹、冰、浅井、山泽、江河、湖沼、海洋等。地心的水就是深井的泉水。

雨水应当是很干净的了。然而当雨水下降的时候，空气中的灰尘愈多，所带下来的细菌也愈多。据巴黎门特苏里气象台的报告，巴黎市中的空气，每1立方米含有6040个细菌，巴黎市中的雨水，每1升含有19000个细菌。在野外空旷之地，每1升的雨水，不过有一二十个细菌。

雪水比雨水浊，这大约是因为雪块比雨点大，所冲下的灰尘和细菌也较多吧。然而巴斯德曾爬上阿尔卑斯山的最高峰去寻细菌，那儿的空气极清，终年积雪，雪里面几乎是完全无菌的了。

列数字

作者通过列出具体数字，说明了雹是一种很不干净的水，引出下文对这种现象的解释。

雹比雨更浊。1901年的7月，意大利拍杜亚地方下了一阵大雹，据白里氏检查的结果，每1升雹水至少有140000个细菌。这或是因为那时空气动荡得很厉害，地上的灰尘吹到云霄里去，雹是在那里结成的，所以又把灰尘包在一起，带回地上了。

冰的清浊，要看是哪一种水结成的。除了冰山冰河以外，冰都是不大干净的啊，因为在冰点的低温度，大多数的细菌都能保持它们的生命啊。

浅井的水，假如井保护得法，或上设抽水机，细菌还不至于太多。若井口没有盖，一任灰尘飞入，那就很污浊了。

山涧的水，不使粪污流入，较为清净，所含的微生物，多是土壤细菌，于人无害，但经一阵大雨之后，细菌的数目立刻增加了好几倍。

江河的水最是污浊，那里面不但有很多水族细菌和土壤细菌，而且还有很多的粪污细菌，这些粪污细菌都有传染疾病的危险呀。粪污何以曾流入江河里面呢？这都是因为无卫生管理，无卫生教育，于是一般无训练的民众都认为江河是公开的垃圾桶，在这一个大错之下，不知枉送了多少性命呀。

湖沼的水比江河的水干净。水一到了湖就不流了，因为不流，那儿无数的细菌都自生自灭，所以我们说湖水有自动洗净的能力，而以湖心的水比傍岸的水尤为清净少菌。

海水比淡水干净。离陆地愈远愈净。1892 年英国细菌学家罗素在那不勒斯海湾测验的结果，在近岸的海水中，每 1 立方厘米有 7 万个细菌，离岸 4000 米以外，每 1 立方厘米的海水，只有 57 个细菌了。在大海之中，细菌的分布很平均，海底和海面的细菌几乎是一样的多。

作者举例说明离岸边越近，海水中包含的细菌越多，这和人类活动有关。

由地心涌出的泉水和人工所开掘的深井的水是自然界最清净的水。据文斯洛的报告，波士顿的15个自流井，平均每1立方厘米只有18个细菌。水清则轻，水浊则重。清高宗曾品过通国之水，以质之轻重，分水之上下，乃定北平海淀镇西之玉泉为第一。玉泉的水有没有细菌，我们没有试验过，就有，一定也是很少很少的了。

比喻

作者把水的清浊比喻成人的品性，给读者以思想上的启迪。

水的清浊有点像人，纯洁的水是化学的理想，纯洁的人是伦理学的理想，不见世面，其心犹清，一旦为社会灰尘所熏染，则难免不污浊了。

清水固然可爱，然而有时偶尔含有病菌，外面看去清澈无比，里面却包藏祸心，这样的水是假清水，这样的人是假君子，其害人而人不知，反不如真浊水真小人之易显而人知预防。而且浊水，去其细菌，留其矿质，所谓硬性的水，饮了，反有补于人身哩。

化学工作上，常常需要没有外物的清水。于是就有蒸馏水的发明，一方将浊水煮开，任其蒸发，一方复将蒸汽收留而凝结成清水。这种改造的水是很清净无外物的了。

反问

作者提出，既然浊水可以变清水，那么人是不是也可以从坏人变成好人呢？这是一个值得深思的问题。

医学上用水，不许有一粒细菌芽孢的存在。于是就有无菌水的发明。这无菌水就是将装好的蒸馏水放在杀菌器里消灭，将水内的细菌一概杀灭。这样人工双重改做过的水，是我们今日所有最纯净的清水了。

浊水还可以改造为清水，人呢？

精简点评

本小节讲述的是清水和浊水的关系。作者从自然界的水源讲起，举出大量有科学依据的例子来阐述浊水中的细菌数量。接着，作者列举了日常生活中的例子来论述清水和浊水之间的关系。最后，作者把水的问题折射到人的身上，让文章更具深度。

佳词美句

叫苦连天　饿尸遍野　不可多得　自生自灭　清澈无比　包藏祸心

饮比食更为重要，有了水饮，虽整天的饿，也可以苟延生命。人体里面，水占七成。

清水固不易多得，浊水更不可不预防。

外物愈多则水愈浊，外物愈少则水愈清。

阅读思考

1. 为什么外物越多，水越浑浊？
2. 人们在生活生产中都使用了什么水？
3. 浊水可以变清水，那么人呢？

细菌学的第一课

名师解读

作者回忆当初学习细菌学的第一堂课的情景，给读者一种代入感，让读者可以更好地跟着作者的脚步一起去探索细菌实验室中的秘密。

名师解读

作者在这里说明了写这本书的意义，就是把细菌的复杂知识变得通俗易懂，用浅显有趣的文字去装饰文章内容，让读者更容易理解，并逐渐对这门科学产生兴趣，让充满神秘奥妙的科学变得大众化。

人物描写

这里介绍教授的衣着外貌，侧面反映出教授严谨的工作态度。

《读书生活》的编者要我写一篇生活记录。我想一想，我过去生活，自己以为最值得写出来的，还是在美国芝加哥大学研究细菌学的那几年。但是若都把它记录出来，要成一部书。所以只拣出第一天上细菌学的第一课时的情景，一一追述，比较浅显而易见，使读书好像也站在课堂和实验室的门口，或踮着脚尖儿站在玻璃窗前面，望望里面，看看有什么好看，听听讲些什么，也不至于白费这一刻读书工夫罢了。关于细菌学，我已在《读书生活》第二卷第二期起，写过一篇《细菌的衣食住行》。此后仍要陆续用浅显有趣的文字，将这一门神秘奥妙的科学，化装起来，不，裸体起来。使它变成不是专家的奇货，而是大众读者的点心兼补品了。细菌学的常识的确是有益于卫生的补品，不过要装潢美雅，价钱便宜，而又携带轻便，大众才能吃，才肯吃，才高兴吃，不然不是买不起，就是吃了要头痛胃痛呀！

立克馆在芝加哥大学，是美国最老的细菌学府，是人类和恶菌斗争的一个总参谋机关。

1926 年的夏天，那天我正在立克馆第七号教室，上细菌学的第一课，同班只有两个美国哥儿，两个美国小姐，一个卷发厚唇的美洲黑人，连我共 6 人。大家都怀着新奇的希望，怀着电影观众紧张的心理，心里痒痒地等候着铃声。铃声初罢，一位戴白金丝眼镜的人，穿着白色医生制服，踏着大学教授的步子进来了，手里还抱着一大包棉花。

“细菌学是一个新生的科学婴孩呀……250 年以前有一位列文虎克先生，列文虎克先生是荷兰人呀，他顶会造显微镜，他造的显微镜比别人都好呀……巴斯德先生看见一个法国小孩子被疯狗咬了，心里很难过……柯赫先生发现了结核杆菌，德国的民众都欢天喜地，全欧洲都庆贺他，全世界都感激他……现在日本有一位野口博士亲自到非洲去，得了黄热病，就拿自己的血来试验……我们立克馆的馆长——左当博士也是一个细菌学的巨头，没有他和他的同事的努力，巴拿马运河是建不成功的呀；没有他，芝加哥的水仍会吃人的呀……”他娓娓动人地说了一大篇。

语言描写

通过教授之口详细介绍了细菌学的发展史，同时写出了教授平易近人的性格特点。

“现在我要教你们做棉花塞。”他一边解开棉花一边换一个音调继续说。“棉花塞虽是小技，用途很大，我们所以能寻出种种病原菌，它的功劳就不小，初学细菌学的人第一件要先学做棉花塞。原来棉花有两种：一种好比海绵，见了水就淋淋漓漓地湿做一团；一种好比油布，沾一点水不至全湿。我们要用第二种。拿一些这种不透水的棉花，捏做一丸，塞进玻璃管便可划分成了内外两个世界，七分塞进里面，不松不紧，外界的细菌不得进去，内界的细菌不得出来。若把内界的细菌用热杀尽，内存的食品就永远不臭不坏。”说到这里他将棉花分给我们6个人各自练习。此时窗外热气腾腾，窗内热汗滴滴，我一面试做棉花塞，一面品味白衣教授的话。

阅读笔记

我们每人都塞满了一篮的玻璃瓶试管了。接着他就吩咐我们每人都去领一只显微镜，再到第十四号实验室里会齐。

我刚从仪器储藏室的小柜台口领到一件沉重的暗黄色木箱子，一手提嫌太重，两手提嫌太笨，后来还是两手分工轮流着提。回到了立克馆，出了一身汗，进了第十四号实验室，看到同班人都穿了白色制服，坐在那长长的黑漆的实验桌前面，有的头在俯着看，有的手在不停地擦拭，每一位桌上都装有一个电灯和一个自来水龙头。我也穿了白衣，打开我的木箱子，取出一件黑色古董，恭恭敬敬地把它放在桌上。

动作描写

同学们准备好研究细菌了，作者通过描写不同的同学的动作，营造出了紧张而兴奋的氛围，让读者对接下来的内容充满好奇。

这时候进来了一个矮胖子，神气不似教授，模样不似学生，也穿着白色制服，手里捧着一个铁丝篮，篮里装满了有棉花塞的玻璃试管，跟着他的后面的就是那位白衣教授。

比喻

这里让读者对黑色古董有初步的认识，吸引读者一探究竟。

我也不顾他们了，醉心地玩弄我的黑色古董。那黑色古董，远看有点像高射炮，近看以为是新式西洋镜。上面有一个圆形的抽筒可以升降；中间有一个方形的镜台可以前后摇摆左右转动；下面是一个铁蹄似的座脚，全身上下大大小小共有六七个镜头；看起来比西洋镜有趣多了。忽然从我的左肩背后伸过来一只毛手，两指间夹着一个有棉花塞的试管，盛着半管的黄汗。

阅读笔记

“请你抽出一点涂在玻璃片上，放在镜台上看吧。”这是白衣教授的声音，于是我就照着他所指导的法子，一步一步地去做。

“这是像一串一串的黑珠呀。”我用左眼，又用了右眼，一边看一边说。

“我看的这一种像葡萄呀。”一位鹰鼻子美国哥儿的声音。

“我所看的像钓鱼的竹竿。”黑人说。

“这有点像马铃薯呀。”那位金黄头发的小姐说。

“我的上帝呀！这像什么呢？”我隔壁那位戴眼镜的美国哥儿忽然立起来对我说，“密司脱高，请你看看，这一种细菌东歪西斜不是很像中国字吗？”

语言描写

中国字是方方正正的，只有外国人或者刚学习写字的幼儿才会把字写得歪歪斜斜。作者在这里纠正了外国人对中国字的看法。

“这倒像你们西洋人偶尔学写中国字所写的样子哩，我们中国字是方方正正没有那么歪歪斜斜呀。”我看了一看就笑着说。

还有一位美国小姐没有作声，忽然啪嚓一声她的玻璃片碎了。于是白衣教授就走近她的位子郑重地说：“我们用显微镜来观察细菌的时候，要先将那抽筒转到最下面至与玻璃片将接触为止，然后，在看的时候，慢慢地由低升高，切不可由高降低，牢记这一点道理，玻璃片就不至于破碎，镜头也不至于损坏了。”

那位小姐点着头，红着脸，默默地收拾残碎的玻璃片。

看过了细菌，白衣教授又领了我们6人出了实验室，走不到几步便闻见一阵烂肉的臭气，夹着一种厨房的气味，刚推开第十八号的一扇门，那位矮胖子又出现了，正坐在那大大长长粗粗的黑桌子旁边，左手里握着4只玻璃试管，右手的大二两指捏着长圆形的玻璃漏器下面的夹子，一捏一捏地，黄黄的肉汁，就从漏器中泻到那一只一只的试管里面。他的动作很快，很纯熟，满桌满架上排着的尽是玻璃管、玻璃瓶、玻璃缸、玻璃碟，或空或满，或污或洁，大大小小，形形色色，更有那一筒一筒的圆铁筒，一篮一篮的铁丝篮，一包一包的棉花和其他零星的物件，相伴相杂。满房里充满了肉汁和血腥的气味。

细节描写

满桌满架的瓶瓶罐罐，给读者眼花缭乱的感觉，营造了严肃的科学研究氛围。

“这一个大蒸锅里面煮的是牛肉汤，”白衣教授指着另一张桌上一只大铜锅，锅底下面呼呼地烧着大煤气炉，“牛肉汤加上琼脂（琼脂是一种海草，煮化了会凝结成一块）就变成牛肉膏，再加上糖变成蜜饯牛肉膏，又甜又香又有肉味，此外还预备有牛奶、鸡蛋、牛心、羊脑、马铃薯等等，这些都是上等补品。我们天天请客，请的是各处来的细菌，细菌吃得又胖又美，就可以供我们玩弄，供我们试验了……”

他没有说完，在他背后那个角落上，我又发现了一个新奇庞大长圆形横卧在铁架上的一个黄铁筒，仿佛像火车头一般，上面没有那突出的烟筒和汽笛，但有一个气压表、一个寒暑针、一个放气管插在上面，筒口有圆圆的门盖，半开半闭，里面露出一只装满了玻璃试管的铁丝篮。后来他告诉我们这是“热压杀菌器”，用高压力的蒸汽去杀尽细菌。

名师解读

这里对“热压杀菌器”的结构做了详细介绍，并且告诉读者其作用是用高压的蒸汽杀死细菌。有了它，就可以把废弃的细菌处理掉，这样做是为了避免有害细菌“逃”出实验室，给人类社会带去灾难。

他推开后面那一扇门，让我们一个个踏进去。不得了，这里有动物的臭气腥味冲进鼻子里。一阵猫的尿气，一阵老鼠的屎味，一阵兔毛拌干草的气味，若不是还有一阵臭药水的味，

名师解读

此处细腻地刻画了每种动物见到人类后的反应，有害怕的、后退的、四处张望的、四处跑动的。最可气的是天竺鼠，就知道吃，不理人。每种动物，作者都只用几个字就描写得清清楚楚，可见作者的观察力和写作功底多么了不起。

场景和心理描写

文中渲染了一种舒适的生活气氛，传达出作者愉悦的心情，侧面写出了作者对科学研究的热爱之情。

鼻子就要不通气了。这里有更多更大的铁丝篮，整齐地分为两旁，一层一层一格一格地排着，每篮都有号数。篮中的动物看见我们走近，兔子就缩头缩耳地往后退却，猴儿就张着眼睛上下眺望，猫儿就伸出爪。小白老鼠东窜西窜，还有那些半像猪半像鼠的天竺鼠正吃萝卜不睬我们哩。

“这些动物都是人类的功臣，”那教授又扬起声音说了，“代我们病，代我们死，病菌生活的原理，都是用它们来查的啊。我们天天忙着，不是山羊抽血，就是豚鼠打针，不是老鼠毒杀，就是兔子病死，不是猫儿开刀，就是猴子灌药，手段未免过辣，成效却非常伟大，现代医学的进步不知牺牲了多少这些小畜生啊！……”

他说完了，又引我们看了后面的羊场。一只大母羊三只小山羊见了我们拔腿就跑。

出来我们又参观了冰箱和暖室，他又指示我们每人的仪器柜和衣服柜，我们就把木箱子的古董锁在仪器柜里面，脱了白衣锁在衣服柜里面。此时，开始时的臭味腥气都被新奇的幻想所冲散了。

出了立克馆就是爱丽斯街，街上来来往往都是高鼻子的男女学生，唱着歌儿，呼着哈罗，说说笑笑、嘻嘻哈哈的，夹着书本，迈着大步走。我也夹杂在其间，心里在微微地笑，一步一步都欣然自得，像哥伦布发现了新大陆。

精简点评

本节讲述的是作者第一天上细菌实验课的场景，当时只有6个人上课，说明研究细菌的人很少。但是，学科的“冷”挡不住作者研究细菌的热情。我们做任何事，想要做好，就离不开热情，学习也是如此。因此，想要在学习上取得进步，培养求知欲和学习兴趣很重要。

佳词美句

浅显有趣　娓娓动人　淋淋漓漓　热气腾腾　热汗滴滴　拔腿就跑　欣然自得

大家都怀着新奇的希望，怀着电影观众紧张的心理，心里痒痒地等候着铃声。

此时窗外热气腾腾，窗内热汗滴滴，我一面试做棉花塞，一面品味白衣教授的话。

我也夹杂在其间，心里在微微地笑，一步一步都欣然自得，像哥伦布发现了新大陆。

阅读思考

1. 当时，实验室的学生一共有几人？请结合时代背景说说为什么。
2. 如何正确使用显微镜？
3. 为什么要利用小动物来研究细菌？

毒菌战争的问题

东非的炮声没有停，华北已经流了血，莱茵河的杀气腾腾，太平洋的阴风惨惨，战神的列车就要开到了，他的宣传队正在四处活动。

在这风云紧急的当儿，又传来了一个惊人的消息：

这一次世界大战，各交战国要请毒菌来助战了！

帝国主义者也要散布毒菌来消灭我们吗？

这真是科学的耻辱，人类的大不幸。

这在侵略者，是极端的残酷；在被压迫者，是无限的悲哀。

对比

这里写出了细菌战是一种反人道的战争方式，这是作者对帝国主义侵略者的控诉。

弱小的民族们，认清吧！

这是告诉我们，列强的军事野心家，投降了微生物界，勾结了苍蝇、疟蚊、鼠蚤、臭虫，作了恶菌的前驱、内应，而想出这人类自杀的毒策。

这些要想利用毒菌战争的人，简直就是人类的汉奸，就是“人奸”。

毒菌，穷凶极恶的毒菌，在过去人类的历史，就有不少惨痛的伤痕，全人类几乎被它们灭亡了好几次。

穷凶极恶的“鼠疫菌”，人类最可怕的恶敌，欧洲 14 世纪黑死病的恐怖，就是由它行凶，印度在 20 年之间给它害死了 1025 万人。

穷凶极恶的“霍乱菌”，单在 19 世纪中，就有六次扫荡了全世界；不到 1 个月的工夫，伦敦一市有 4000 死尸，巴黎一市有死尸 7000。

穷凶极恶的“流行性感冒菌”，在 1918—1919 年几个月的期间所杀死的人，比欧战 4 年间所死的还要多。

还有其他穷凶极恶的毒菌，有急性的，有慢性的，都不断地向人类进攻。我们的一生，有哪一刻不受着它们的威胁呢？

然而现在，毒菌的威风已经稍煞了。

这自然是科学家的功劳。

科学的精神是国际合作。科学家是不论国籍，不分国界，而肯牺牲一切，共向人类幸福的前程，努力迈进。

不料，从第一种毒菌"炭疽杆菌"的发现以来，才有60年，防御和救治传染病的方法，还没有完全成功，现在竟有这样黑心眼的人，妄想把毒菌当战器，来屠杀自己的同类了。

这不是科学界最矛盾、最沉痛的一件事吗？

这样的人在法国，就对不起巴斯德；在德国，就对不起柯赫；在英国，就对不起李斯德；在日本，就对不起野口博士。野口博士为了研究黄热病，而牺牲了自己的性命，是值得我们推崇的一位日本科学家。

在同一国度里，出了为人类而不惜牺牲了自己的科学家，又出了为自己而不惜毁灭了人类的军阀。

这是不足为怪的。这是帝国主义者的老把戏。

科学落伍的中国，从前似乎也曾发明了火药。这在我们不过是拿来作鞭炮之类的玩意儿。一到了白种人的手里，就变成了大炮和炸弹。甚而至于宗教、教育、医院之类的事业，一一都可以做成侵略的工具。而现在更有这种杀人不见血的毒菌，更来得简便了。

然而，毒菌的种类既多，它们攻入的法子，也各有花样，各有一定的途径，也须遇着种种机缘，打破重重难关，断不是随随便便，瞎碰瞎干，就可以杀倒一个比它大了好几百万倍的人呀！

攻击人的毒菌，现在已经发现的，大约有六十几种之多吧？它们都是细菌世界里的流氓，到处潜伏。人家的身体偶尔

反问

反问句说明毒菌不分时间和地点地威胁着人类的生命安全，必须引起人们的重视。

排比

作者阐明，研究细菌的专家不分国籍，但是用他们的研究成果去做危害其他国家的事情，这就让人感到心痛了。

阅读笔记

名师解读

毒菌的传播方式包括接触传播、唾液传播、空气传播。这也为我们提供了防范细菌的参考意见，即常洗手、勤消毒、不要对着人打喷嚏、唾液不要乱飞、注意口腔卫生等，这样就能减少被病毒细菌感染的风险。

着了凉，它们就趁冷打劫。体虚质弱的人，更容易受它们的欺侮了。

它们打倒了一个病人，就拿他作为临时的根据地。就由那病人，在谈话握手的时候，传染给别人。或由那病人所用的茶杯、手巾、钱币、书籍、衣服，如此等等的物件，传染起来。

它们尚且以为这是太费事了。因为每次要寻到有得病的资格的人，一定要在他疏忽的时候，吃了些没有煮熟的食物，喝了些生冷的水，它们才得以混进去，到肚肠里去。

从鼻孔里进去吧？那又得等到天气突然转冷的交关，灰尘飞扬的时候，人群拥挤的场所，就是冲进了鼻毛的后面，也还有别的问题哩。

于是这些毒菌呀又想利用昆虫作战了。有的挂在苍蝇脚下，有的伏在蚊子口里，有的藏在跳蚤身上，有的躲在臭虫刺边，都恨不得立刻就钻进人的体内去，人的血管里面去，去吃那香喷喷的血。

可是到了人血里以后，又遇着两个小冤家，要和它们厮打。一个是白血球，另一个是抗体。

原来毒菌杀人的武器，是有两种的：一种是专靠自己生殖快，菌众多，硬把血管冲破，血素吃光，伤寒菌就是这一例。一种是盘踞在人身的一个角落里，而不停地分泌毒汁，使人全身中毒而死，白喉菌就是这一例。

因此人血里的抗体，也有两种：一种是抗菌，另一种是抗毒。

要打破这些难关，才能杀倒一个人。不然，若毒菌容易得胜，人类早已灭亡了。

一个大时疫的流行，自有它特殊的原因，特殊的气候，特殊的环境，合着而造成的。随着现代世界卫生事业的进步，这恐慌已经减少了。

现在，军事的妄想家，却要利用毒菌来助战了。

这就是说，要在敌国造成人工的时疫。可能吗？我也曾替他们细细地设想。

选出最凶最毒的菌种，大量地培养起来，装入特制的炸弹里面，从飞机上投下去吧。

投到对方的战地去，投到对方的街市去，使这些毒菌，毛毛雨一般，满天满地地飞舞。然而，这时候，敌方如果早有准备，只需每人一条消毒的纱布，罩住了鼻子，也就安然度过了。

在江河湖沼里，在自流井饮水池里，秘密散布毒菌吧。然而，这时候，敌方如果有卫生的训练，不去喝生冷的水，只喝些开而又开的水，那么，那些毒菌只好静候着时间的淘汰了。

名师解读

毒菌进入人体，需要昆虫的协助。而为了进入人体，这些毒菌会想尽一切办法，这就是过去的中国要“除四害”的原因。将携带细菌的苍蝇、蚊子、跳蚤消灭掉，不给毒菌“偷袭”人体的机会。

联想

作者针对细菌战中敌人的战略，提出了自己的对策。

还有别的法子想吗？

有。可以组织病人敢死队，送有传染性的病人到前线去。可以从飞机上掷下无数的苍蝇，苍蝇不足，继之以蚊子、臭虫、跳蚤、壁蚤、死老鼠之类的“疫媒”。

这似乎是可笑，而其实是可怕。

战争本是盲目的行动，何况帝国主义者一心残酷，无毒不使，样样做得出。可怜的只是我们不讲卫生的古国，在平时，一般民众，就没有接受过卫生训练，不懂得预防传染病的常识；到了战时更是手忙脚乱了。

毒菌战争，不过是玩传染病的把戏，我们若揭穿了那把戏的内幕，也就无须恐慌了。

然而，可怕的是，战争即使没有利用毒菌，而毒菌却反利用了战争，造成了它们流行的机会。大战之后，必有大疫。欧战死亡的统计，死于枪炮火之下的占少数，死于疫病的占多数。

而且，在平时，世界各国对于时疫，都有严密的检查与管理，一旦大战发生，不免废弛放纵，那流祸是不可胜言的。

这是一件严重的事实。不论大战什么时候才来，我们大众对于毒菌这家伙，都亟待注意啊！

叙述 内容说明战争的危害不仅在于枪林弹雨，也在于它为细菌的繁殖和传播提供了绝好的机会，侧面反映了作者的反战思想。

叙述 虽然我们不知道未来的战争何时会爆发，但是对毒菌的作用，我们要有一个心理准备，知道一些应对方法，这叫“防患于未然”。

精简点评

关于细菌战，我们这一代没有经历过，但是通过文献资料、电视媒体、老一辈人的亲身经历，我们可以一窥细菌战的威力。当然，对生活在和平年代的我们来说，重要的是要注意个人的卫生，尤其是在疫情期间，不能放松大意，但也不要紧张过头。

佳词美句

杀气腾腾　阴风惨惨　穷凶极恶　不足为怪　趁冷打劫　手忙脚乱　不可胜言

这真是科学的耻辱，人类的大不幸。

这在侵略者，是极端的残酷；在被压迫者，是无限的悲哀。

不论大战什么时候才来，我们大众对于毒菌这家伙，都亟待注意啊！

阅读思考

1. 历史上有哪些细菌战？
2. 为什么会有细菌战？
3. 关于细菌战，我们有怎样的应对措施？

凶手在哪儿

强盗在杀人，疾病也在杀人。

强盗的面前是财物，背后站着迫强盗为强盗的恶势力。

疾病的面前是身体虚弱不讲卫生的人，背后站着毒菌。

战争在酝酿着，时疫也在酝酿着。杀人的势力膨胀了。

战争的凶手是帝国主义者的军队，时疫的凶手是毒菌的兵马。

战争造成了毒菌大量杀人的机会。它没有正式利用过毒菌，也许终于不敢利用，而毒菌却早已尽量利用了它。

单举“脑膜炎”为例吧。脑膜炎的凶手，是爱吃人血的一对一对的“双球菌”。经过一次大战，它就盛行了一次。在欧战时，英军受害最烈，法军次之，德军几乎幸免，这或许是德国的军事卫生训练特别精到吧。

举例子

作者举例说明“脑膜炎”本不是战争的产物，但是它在战争中让很多人失去了生命。

在战前，脑膜炎每年杀死的英国人，总不到200人。在1915年英国加入欧战之后，死于脑膜炎的人数，突然增至1521人。

在中国，脑膜炎素来就不和我们客气，一旦远东战事发生，即使敌人不散放脑膜炎的毒菌来扑灭我们，而因战时所造成的不卫生的环境，脑膜炎也自然会趁势蔓延起来。那时，我们一般军队和民众，既缺卫生训练，又少预防常识，一个个手忙脚乱，不知如何是好，怎么得了！

脑膜炎如此，还有其他更多更凶的毒菌，都在那里扩张军备，瞧着，闻着，等候着大战的来临，就要一一发作，一一暴动起来，更怎么得了！

战争是时疫的导火线。

比喻

这里说明战争往往容易导致疫情暴发，同时引出下文。

所以战争不仅是社会科学的问题，也还是自然科学的

问题。

疾病不是私人的痛苦，大家都有份。病会流行，病会传染，传染所及，大众都要遭殃。一人的病，一变成大众的疫，全世界都生恐慌。

战争至大的对象，是要打倒了别人的国家，降服了异族。帝国主义者这才扬扬得意了。

时疫至大的对象，是要毁灭全人类，破坏生物界的完整。毒菌这才在那里吃吃而笑了。

类比

作者将战争和时疫、帝国主义和毒菌相提并论，突出了战争的危害和帝国主义丑陋的嘴脸。

所以时疫虽是自然科学的问题，更也是社会科学的问题。

帝国主义者这凶手的潜势力，是很深长、久远的，他是明目张胆地行凶，我们是司空见惯了。

毒菌这凶手的潜势力，也很深长、久远。可是它在暗中作怪，我们只觉着受它的攻打，见不着它一些儿的踪迹。

有一些儿毒菌的踪迹，虽是被科学家看穿了，但我们大众哪里有这眼福。就是偶尔看到显微镜，也是茫然一无所得。

那么，请细菌学者开一张毒菌的清单，好吗？那又都是一批一批，生硬的怪名词，看了更糊涂。

一盘散沙的民众在虎视眈眈的凶手面前，脆弱得不堪一击。这里的“凶手”可以有很多解读，比如侵略我们国家的敌人、突然暴发的新冠病毒疫情等，只有团结起来，我们才能战胜它们。

既有这些杀人不见血，不留影子的凶手，又有那些土头土脑，危险临头而还是那么懒洋洋的，没有团结力，没有自卫力的一般民众，这岂不是都坐着等死吗？

毒菌的真相、阵容，如何侵略我们，我们如何侦察、搜查，如何防御，如何消灭它们的恶势力，这些似乎都是专家的智识。然而大战爆发了，寥寥几位专家是不济事的。卫生局就有成千的医生，可以立时动员给我们打预防针，施救急药，一市数百万的居民，能个个都照顾到吗？中国有几个城市有卫生局呢？全国有多少能治病的医生呢？

因此，中国的民众在抵抗帝国主义者侵略的时候，对于防御毒菌的常识，是必不可少的。

最先要认识毒菌的巢穴、魔窟。然后进可以攻，退可以守。则处处小心当防，不去沾染它。攻就要全部围剿，用消毒的手段去消灭它。

我是曾经在实验室里，掌管过毒菌的生死簿的一人，所以对于它的来历、形状，颇为清楚。

统观起来，屈指一算，它的魔窟，可有七处。

第一窟是水窟，叫它作粪窟，更为切实。粪原是毒菌的大本营。一杯明净的水，它的来源若流进了粪，就有不少的毒菌混入，看去还是明净，然而就是这一杯水，把毒菌送到我们的肚肠里去了。这一类的毒菌，如伤寒菌，如痢菌，如霍乱菌，都是极凶狠的。当然，不要忘记了苍蝇，它也是这一批传染症的帮凶。有时做帮凶的还是人们自己的手指头。

第二窟是人窟，更深切一点叫作喉窟也可以。毒菌就伏在人的咽喉里。带菌的人把它带来带去，四处散布，人群拥挤的地方，更是危险了。欧战时就有不少这经验。在营房里，本来人气就多，到晚上又都床靠床地睡。据说床的隔离，要在 3 英尺以外，才没有传染的危险。这一类的传染病如结核、如白喉、如脑膜炎、如流行性感冒、如肺炎、如猩红热等等，传染的法子，大同小异，都是以病人或带菌人为出发点。

第三窟是食窟，这一类的毒菌，如肠热毒、如腊肠毒菌，都不待苍蝇的提携，早伏在肉和菜里面了。中国人吃的肉煮得烂，危险似乎是较少。

第四窟是虫窟，身虱可怕吗，它会传染斑疹伤寒。臭虱、吮血蝇可怕吗，它们会传染回归热。跳蚤可怕吗，它会传染鼠疫，不过鼠疫还有老鼠被利用。疟蚊可怕吗，它会传染疟疾，不过疟疾的主因，不是毒菌，而是毒原虫。这些虫儿有些常见有些不常见，一律打倒，免得将来做帮凶。

第五窟是兽窟，在这里，人和兽都是被屠杀者。因为人和兽的接近，兽的疫就跑到人身上来了。疯狗咬人，人不但受伤，还会患狂犬病。马夫曾受马鼻疽的传染。牛羊的炭疽病，会传给织毛洗革的工人。地中海一带的人，吃了羊奶，也会得马耳他热病。牛奶有时也会送结核菌到我们的肚子里去。欧战时，前线的兵士多得急性黄疸病，据说是身上的伤口沾着了老鼠尿。日本也有七日热、鼠咬诸病，都与老鼠有关。的确，老鼠还是鼠疫的第一主人咧。

第六窟是土窟，这里抗敌的战士们是要特别注意呀！在战壕里，就伏有不少的毒菌。不是那泥土不干净，就是那马粪太危险，受伤的军士是经不起破伤风毒菌的袭击呀。有时在战地上跳出一种虱子咬你一口，还会发生战壕热的病哩。

第七窟是皮窟，是皮肤和皮肤的密切接触而传染。那就是混入人类的性生活里的梅毒菌和淋菌。还有那爬在皮肤上老不肯去的麻风菌。这些顽固的毒菌，在传染病的暴风雨中，居然也占有一角很大的地盘。

也许还有第八窟。这第七窟也并不是天然的分界。不过在这七窟里，我们时时都可以发现毒菌在活动蔓延。

作者举例说明这类通过“人窟”传播的病菌，让人对这类病菌的传播途径有更直观的了解。

叙述

兽类的传染病也可以给人类造成极大的危害，所以我们不能小看它们。

阅读笔记

作者对上述七类毒菌进行总结，帮助读者理清思路，更好地吸收知识。

水，人，食，虫，兽，土，皮，这毒菌的七窟，认清吧！

临了，我记起一件事。第八窟是有的，那就在帝国主义者预备施放毒菌战的时期。那么我们要扑灭毒菌，先打倒帝国主义者！

精简点评

本节主要介绍了各种毒菌的名称和传播途径，列举了在大战期间发生的各种疫情，说明战争摧毁的不只是人类的肉体，还有人类的精神。文章开头介绍了战争和毒菌之间的关系，点明战争是疫情的导火索。比如，平时难得一见的“脑膜炎”居然能在战争中传播得如此迅速。所以，我们一定要热爱和平，同时养成良好的卫生习惯，多了解医学常识。

佳词美句

手忙脚乱　扬扬得意　明目张胆　司空见惯　一无所得　必不可少

战争的凶手是帝国主义者的军队，时疫的凶手是毒菌的兵马。

战争不仅是社会科学的问题，也还是自然科学的问题；时疫虽是自然科学的问题，更也是社会科学的问题。

病会流行，病会传染，传染所及，大众都要遭殃。

阅读思考

1. 病毒与战争的关系是怎样的？
2. 我们在细菌战中如何开展防疫工作？
3. 作者总结了七大类型的毒菌，它们分别是什么？

科学趣谈：细胞的不死精神

细胞的不死精神

嘀嗒，嘀嗒……嘀嗒又嘀嗒。

壁上挂钟的声音，不停地摇响，在催着我们过年似的。

不会停的啊！若没有环境的阻力，只有地心的吸力，那挂钟的摇摆将永远在摇摆，永远嘀嗒，嘀嗒。

苹果落在地上了，江河的潮水一涨一退，天空星球在转动，也都为着地心的吸力。

引用

此处告诉读者地心引力的作用无处不在，引用牛顿的话更有说服力，同时引出下文。

这是 18 世纪，英国那位大科学家牛顿先生告诉我们的话。

但，我想，环境虽有阻力，钟的摇摆虽渐渐不幸而停止了，还可用我的手再把发条紧一紧，再让钟摆摆一摆，又嘀嗒、嘀嗒地摇响不停了。

再不然，钟的机器坏了，还可以修理的呀。修理不行，还可以拆散改造的呀。

我们这世界，断没有不能改良的坏货。不然，收买旧东西的便要饿肚皮了。

钟摆到底是钟摆，怕的是被古董家买去收藏起来，不怕环境有多么大的阻力，当有再摇再摆的日子。

地心的吸力，环境的阻力，是抵不住、压不倒的。人类双手和大脑得一齐努力抗战啊。你看，一架一架各式各样的飞机，不是都不怕地心的吸力，都能远离地面而高飞吗？

反问

反问句表明人类早已经克服地心引力，征服蓝天了。

这一来，钟摆仍是可以嘀嗒、嘀嗒地不停了。也许因外力的压迫，暂时吞声，然而不断地努力修理、改造，整个嘀嗒、嘀嗒的声音万不至于绝响的啊！

无生命的钟摆经人手的一拨再拨，尚且不会停止，有生命的东西为什么就会死亡？究竟有没有永生的可能呢？

死亡与永生，这个切身的问题，大家都还没有得到一个正

死亡与永生的话题是科学界一直在研究的，直到现在也没有得出结论。人为什么会死亡？人如何才能永生？永生是人类科学前进的目标之一，也是千百年来许多统治者的最高需求，如秦始皇、埃及法老等。

作者把细胞分裂比喻成“生孩子”，让论述简单透彻。

确的解答。

在这年底难关大战临头的当儿，握着实权的老板掌柜们，奄奄没有一些儿生气，害得我们没头没脑，看见一群强盗来抢就东逃西躲，没有一个敢出来抵抗，还有人勾结强盗以图分赃哩。真是1935年好容易过去，1936年又不知怎样。不知怎样做人是好，求生不得，求死不能。生死的问题愈加紧迫了。

然而，这问题不是悄悄地绝望了。

我们不是坐着等死，科学已指示了我们的归路、前途。

我们要在生之中探死，死里求生。

生何以会生？

生是因为在天然的适当环境之中，我们有一颗不能不长、不能不分的细胞。

细胞是生命的最小、最简单的代表，是生命的起码货色。不论是穷得如细菌或阿米巴，一条性命也有一粒寒酸的细胞，或富得像树或人一般，一身也不过多拥几万万细胞罢了。山芋的细胞、红葡萄的细胞，不比老松和老柏的细胞小多少。大象、大鲸的细胞，也不比小鼠和小蚁的细胞大多少。在这生物的一切不平等声浪中，细胞大小肥瘦的相差总算差强人意吧。

这细胞，不问它是属于哪一位生物，落到适合于生活的肉汁、血液，或有机的盐水当中，就像磁石碰见铁粉一般高兴，尽量去吸收那环境的滋养料。

吸收滋养料，就是吃东西，是细胞的第一个本能。

吃饱了会涨大，涨得满满大大的，又嫌自己太笨太重了，于是不得不分身，一分而为二。

分身就等于生孩子，是细胞的第二个本能。

分身后，身子轻小了一半，食欲又增进了。于是两个细胞一齐吃，吃了再分，分了又吃。

这一来，细胞是一刻比一刻多了。

生物之所以能生存，生命之所以能延续下去，就是靠着这能吃能分的细胞。

然而，若一任细胞不停地分下去，由小孩子变成大人，由小块头变成大块头，再大起来可不得了，真要变成大人国的巨人，或如希腊神话中的擎天大汉，或如佛经中的须弥山王那么大了。

为什么人一过了青春时期，只见他一天老过一天，不见他一天高大过一天呢？

是不是细胞分得疲乏了，不肯再分了？有没有哪一天、哪一个小时，细胞突然宣告停止了分裂，倒闭了呀？

细胞的靠得住与靠不住，正如银行、商店的靠得住与靠不住。不然，人怎么一饿就瘦，再饿就病，久饿就死呢？不是细胞亏本而召盘吗？那么，给它以无穷雄厚的资源，细胞会不会超过死亡的难关，而达于永生之域呢？

这是一个谜。

这个谜，绞尽了几十个科学家的脑汁，费尽了好几位生理学者的心血，现在终于被打破了。

1913 年的一天，在纽约那所煤油大王洛氏基金所兴建的研究院里，有一位戴着白金丝眼镜的生理学者——葛礼博士，手里拿着一把消过毒的解剖刀，将活活的一只童鸡的心取出。他用轻快的手法割下一小块鲜红的心肌肉，投入丰美的滋养汁中，放在一个明净的玻璃杯里面。随后他下了一道紧急戒严令，长期不许细菌飞进去捣乱，并且从那天起，时时灌入新鲜的滋养汁，避免那块心肌肉的细胞有一刻感到饿。

自那天起，那小小一块肉胚每过 24 个小时就会长大一倍，一直活到现在。

前几年，我在纽约城参观洛氏研究院，也曾亲见过这活宝贝。那时候它已经活了 16 年了，仍在继续增长。

设问

作者提出问题，吸引读者的阅读兴趣。按照细胞不断分身的说法，细胞会越来越多。那么，人为什么不会越来越高大，反而会越来越衰老呢？

叙述

在许多科学家的不懈努力下，这个难题终于有了答案，侧面赞扬了这些科学家和生理学者有志者事竟成的精神。

解释说明

内容解释说明了在现代科学条件下，人们可以通过人工培育，让这块鸡心获得“永生”。

本来，在鸡身内的心肉，只活到一年就不再长大了。而且，鸡蛋一成了鸡形，那心肉细胞的分身率就开始退减了。而今，这个养在鸡身以外的心肉细胞竟然已超过了死亡的境界，而达到永生之域了。至少，在人工培养之中，还没有接到它停止分身的消息啊！

葛礼博士这个惊人的实验证实了细胞的伟大。

细胞真可称为仙胞，有着长生不死的精神与力量，只可惜为那死板板的环境所限制。一颗细胞，分身生殖的能力虽无穷，但恨没有一个容纳这无穷之生的躯壳。因而细胞受了委屈，生物就有死亡之祸了。

说到这里，我又记起那寒酸不过，一身只有一粒细胞的细菌。它们那些小伙伴当中，有一位爱吃牛奶的兄弟，叫作“乳酸杆菌”。当它初跳进牛奶瓶里去时很威风，几乎把牛奶的精华都吃光了。后来，谁知它吃得过火，起了酸素作用，大煞风景了。因为在酸溜溜的奶汁里，它根本就活不成。

这是怪牛奶瓶太小，酸却集中了。假使牛奶瓶无限大，酸也可以散至“乌有之乡”去，那杆菌也可以生存下去了。

这是因为细菌的繁殖，也受了环境的限制。

解释说明

此处解释说明人不能永生的原因。有理有据，简单明了，令人信服。

环境限制人身细胞的发展，除了食物和气候外，要算是形骸。

形骸是人身的架子。架子既经定造好了，就不能再大，不能再小，因而细胞又受着委屈了。

据说，限制人身细胞发展的还有“内分泌”哩。

内分泌，这稀奇的东西，太多了坏事，太少了也坏事。我们现在且不必问它。

精简点评

本节讲述了细胞为什么会有不死的情况，因为它能吃，还会分身。那为什么人的身体里也有很多细胞，但最后人还会衰老、死亡呢，作者用科学的理论和通俗的语言告诉大家，原来是环境限制了人身细胞的发展，除了食物和气候，主要还是人体形骸，也就是人体骨架，或许还有“内分泌”。

佳词美句

没头没脑　东逃西躲　死里求生　差强人意　无穷雄厚　永生之域　大煞风景

嘀嗒，嘀嗒……嘀嗒又嘀嗒。壁上挂钟的声音，不停地摇响，在催着我们过年似的。

苹果落在地上了，江河的潮水一涨一退，天空星球在转动，也都为着地心的吸力。

就像磁石碰见铁粉一般高兴，尽量去吸收那环境的滋养料。

阅读思考

1. 细胞为什么不死？
2. 人类为什么不能永生？
3. 永生到底好不好？

单细胞生物的性生活

名师解读

历史上有名的分身术有可能是杜撰的，也有可能是确实存在过的某种戏法。相信不少人都幻想有一个分身，帮助自己去完成更多事情。但无数现实告诉我们，凡事都要实事求是、脚踏实地。

名师解读

自然界里有一些细腻灵活、奇妙真实的生物，而我们用肉眼是看不到的。这句话作者不只是在说细胞的存在，还暗指一些我们没有发现的事物。大自然总有奥秘，需要我们一步一步地去探索。

《西游记》里，孙行者有七十二变，拔下一根毫毛，迎风一吹，说一声变，就变出一个和他一般模样的猴儿，手里也拿着金箍棒，跳来跳去。把全身的毫毛都拔下，就变出无数拿金箍棒的猴儿来，可以抗尽天兵天将。不这样讲，不足以显出齐天大圣的神通广大了。

羽扇纶巾的诸葛亮，坐在手推车里，也会演出分身术的戏法来，把敌人兵马都吓退了。

这两段故事，虽荒诞无稽，可是大众的脑子，已给深深地印上分身变化的影子了。

我们现在把这影子，引归正道，用它来比生物学上的现象。

地球上一切生物，哪个不会变化，哪个不会分身。有了分身的本领，才可以生生不灭哩。

我们眼角边，没有挂着一架显微镜，所有自然界中，一切细腻而灵活、奇妙而真实的变动，肉眼虽大，总是看不见的啊！

春雷一响，草木个个都伸腰舒臂，呵一口气而醒来了。一晚上的工夫，枯黄瘦削的树干上，已渐渐长出新枝嫩叶，又渐渐放出一瓣一瓣的花儿蕊儿。娇滴滴的绿，艳点点的红，一忽儿看它们出来，一忽儿看它们残谢，它们到底是怎样发生，怎样变化呢？

吃过了一对新夫妇的喜酒。不久之后，便见那新娘子的肚子，渐渐膨胀起来，一天大似一天。又过了几个月头，那妇人的怀中，抱着一个啼啼哭哭的小娃娃在喂奶了。新婚后，女人的身体上，起了什么突变，那孩子又怎样地变出来呢？

这一类的问题，大众即使懂得一点儿，也还是一知半解，没有整个地明了，全部地认识过吗？

在显微镜下看来看去，不论是人，拥有一万万个以上的又丰又肥的细胞，或是“阿米巴”，孤零零地只有一个带点寒酸气的穷细胞，基本上的变化，千变万变万万变，都是由于一个原始细胞，用分身术，一而二，二而四，而八而十六，不断不穷地，自有生之初，一直变下来，变成现在这样子了。不过，这其间，经过一期一期的外力压迫，而发生一次一次的突变，于是连变的方法，也改良了，各有各的花样了。

这些变的方法、变的花样，归纳起来，可分为两大类：一类是孤身独行，一粒一粒单单的细胞，自由自主地，分成两个；一类是偏要配合成双，先有两个细胞，化在一起，而后才肯开始一变二、二变四地分身。前一类，无须经过结合的麻烦，所以叫作“无性生殖”，后一种，非有配偶不可，所以叫作“有性生殖”。它们的目的都在生殖传种，而它们的方法则有有性与无性的分别。

单细胞生物，寂寞地运用它那一颗，孤苦伶仃的细胞，竟然也能完成生存的使命。

慢一点，生存的使命是什么？

是一切生物共同的目标，是利用环境的食料与富源，不惜任何牺牲，竭力地把本种本族的生命，永远延续下去，保持本种本族在自然界中固有的地位，尽量发展所有的本能。凡足以危害，甚至于灭亡吾种吾族的种种恶势力，皆奋力与之斗争；凡是大众生活的友好，都予以提携互助，合力维护生物全体的均衡。

总之，种的留传和生物界的均衡，便是生存最终的使命。而同时一切的变化与创造，乃是生活过程中，种种段段的表现而已。

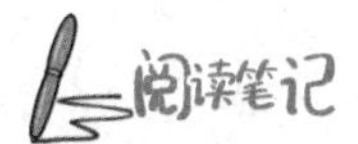

作者运用“寂寞”“孤苦伶仃”等词来描述单细胞的感受，赋予了单细胞人格，使文章更具可读性。

作者突出了“种的留传和生物界的均衡才是生物生存的最终使命”这个论点。上述所说都是围绕这个论点展开的。

鸟类
哺乳动物
爬行类
两栖动物
鱼类
原索动物
圆口类
节肢动物
软体动物
棘皮动物
环节动物
腔肠动物
扁形动物
原生动物
细菌

单细胞生物中，单纯用无性生殖以传种者，居多，用有性生殖以传种者，也有。

就无性生殖而言，这其间，至少也有三种花样，样样不同，各自有道理。

从荷花池中，烂泥污水里，滤出来长不满百分之一英寸的阿米巴，婆娑多态，佶屈不平，那一条忽伸忽缩的伪足，真够迷人。在墙根底下，雨水滴漏处，刮下来纷纷四散的青苔绿藓，形似小球儿，结成一块儿，有时蔓延到屋瓦，浓绿淡青，带点古色古味，爽人心脾。这两种，一是最简单的动物，一是最简单的植物。它们的单细胞当中，都有一粒核心，核心里面都有若干色体，不能再少了。当它们吃饱之后，色体先分为两半，继而核心也分作两粒，最后整个的细胞，也分裂而变成两个了。两个细胞，一齐长大起来，和原有的细胞一般模样又重新再分了。这样的分法，一代传一代，不需一个时辰，然而其间也曾经过不少细微的波折，非亲眼在显微镜上观察，未能领悟其中真相，这是无性生殖之一种。

作者用生动的笔触介绍了单细胞分裂的全过程，通俗易懂、使人一目了然。

圆胖圆胖的"酵母"，身上带点醉意和糖味，专爱啖水果，吃淀粉，成天在酒桶里胡调，吃了葡萄，吐出葡萄酒，吃了麦芽，吐出啤酒，吃了火上烘的麦粉浆，发成了热腾腾的面包、馒头。小小的"酵母"，真不愧是我们特约制酒发酵的小技师。这个单细胞小植物长不满四千分之一英寸，胞中也有核心，身旁时时会起泡，东起一个泡，西起一个泡，那泡渐涨渐大，变成大酵母，和原有的细胞分家而自立了。这种分身法，叫作发芽生殖，是无性生殖之第二种。

拟人

文中将酵母拟人化，把酵母发酵的过程描述得活泼有灵性，增加了阅读的趣味性，同时更便于读者理解。

水陆两栖的青蛙，我们是听惯见惯的了。还有"两寄"的疟虫，可惜很多人都没有机会和它会会面，然而我们小百姓，年年夏秋之间常常吃它的亏，遭它的暗算。这疟虫，是一种吃血的寄生虫，也是单细胞动物之一种，和阿米巴小同而大异。

疟虫两寄，是哪两寄？

一寄生于人身，钻入红血球，吃血素以自肥，血素吃厌了，变成雄与雌，蚊子咬人时，趁势滚进蚊子肚里去了。一寄生于蚊身，在蚊胃里混了半辈子，经过一段一段的演变，变成许多镰刀形似的疟虫儿，伏在蚊子口津里，蚊子再度咬人，又送到人血里去了。这样地，奔来奔去，一回蚊子一回人，这里寄宿几夜，那里寄宿几天，这就叫作“两寄”。

本来，同是生物，尽可通融、互惠，让它寄寄又何妨。但恨它，阴险成性，专图破坏我们的组织，屠杀我们的血球，使受其害者，忽而一场大寒，忽而一阵大热，汗流如柱，性命交关，不得已吞服了“金鸡纳霜”。把这无赖的疟虫，一起杀退，还我失去的健康！

> **拟人**
> 文中叙述寄生虫肆无忌惮地祸害人类，突出了其“阴险成性”的特点。同时，感叹句的使用增强了语气，提高了行文的感染力。

当那疟虫钻进红血球里去之后，就蜷伏在那里不动，这时候它的形态，佶屈不平，颇似“阿米巴”而小。它坐在那里，一点一点地把红血球里可吃的东西，都吃光了，自己渐渐肥大起来，变成 12 个至 16 个小豆子似的“芽孢”，胀满了红血球，涨破了红血球，奔散到血液的狂流中，各自另觅新的红血球而吃了。当这时候那病人，便牙战身抖，如卧寒冰，接着全身热烫起来。那疟虫吃光了新血球，又变成那么多的芽孢，再破红血球而流奔，重觅新血球，这样地循环不已，血球虽多，怎经得起它的节节进攻，步步压迫呢？这利用芽孢以传种的勾当，就叫作芽孢生殖。这是无性生殖的第三花样。所以像疟虫这一类的单细胞动物，统称作“吃血芽孢虫”。

> **拟人**
> 作者将疟虫吃饱以后在人体内横冲直撞的场面刻画得活灵活现，让读者直观地感受到了其危害。

如此这般专用分身的法子以传种，这条妙计，永远行得通吗？分身术可以传之万世，万万世，终不至于有精竭力尽、欲分不得、欲罢不能的日子吗？太阳究竟会不会灭亡，生物究竟会不会绝种，细胞永远维持它食料的供给，究竟会不会有那一天，再也分不下去了。然而，那一天，终究没有到，没有见证，我们不能妄下判词呀。

不过，自然界为维护生之永续起见，已经及早预防了。物种生命的第二道防线，已经安排好了。

这道防线，就是有性生殖。

有性生殖，就是有配偶的生殖。它的功用，是使生殖的力量加厚，生殖的机能激增，两个异体的细胞合作，彼此都多了一个生力军，物种也多了一份变化的因素了。

名师解读

有性生殖让物种的繁衍多了一层保障，它能够让物种的生殖力量不断增强，以达到延续物种的目的。

孤零零的一个细胞，单枪匹马地分变，总觉有些寂寞、单调，而生厌烦吗？好了，现在也知追寻终身的伴侣了，大家都得着贴身的安慰了，地球因此也愈加繁荣了。

然而，无性生殖者，根本没有度过性生活的必要，好不自在，比一般尼姑和尚还清净，无牵无挂，逍遥遥地，吃饱了就分，分疲了又吃，岂不很好。有性生殖者，就大忙特忙了，既忙找配偶，又须忙结婚，哪有一分自由。

但是，太信任自由，易陷入孤立，一旦遇到暴风雨的袭击，就难以支持了。

名师解读

这里作者讲的虽然是生物的发展，但同时也能给我们以启示，即独木难支。在生活中，我们不能过于放纵自己，否则会让自己被孤立，在人生的道路上寸步难行。

于是生物，都渐由无性生殖，而发展至有性生殖，换一句话，由独身生活，而进入婚姻生活了。

在单细胞生物中，以无性而兼有性生殖者，“草履虫”就是一个好榜样。

草履虫，也可以从池塘中，烂泥污水里寻出。一小白点，一小白点，会游会动的小东西，放在显微镜下一看，形似南国田夫所穿的草鞋，全身披着一层细毛，借这细毛的鼓动以前进后退。它真是稳健实在多了，不学“阿米巴”那样假形假态，虽仍是单细胞，也有口，有食管，有两个排泄用的“收缩泡”，有食物储存泡，核心也有两颗，一大一小。

有这一大一小的核心，它生殖传种的花样，就比较复杂了。

过渡段

本段为承上启下的过渡段，让行文更加有条理。

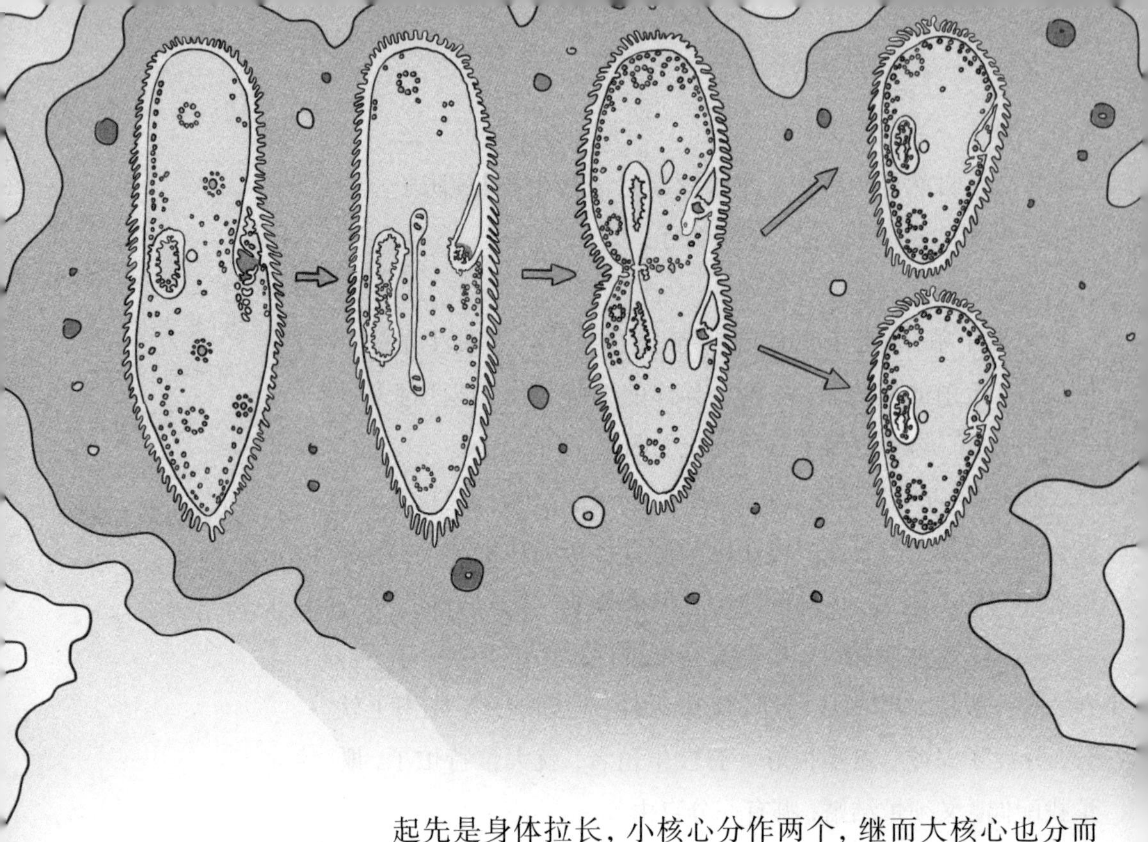

起先是身体拉长，小核心分作两个，继而大核心也分而为二，口、食管、收缩泡等，都化成细胞浆了。于是身体中断，变成一双草履虫儿了，口、食管、收缩泡等，又各自长出来了。大约每 24 小时，它就分身一次。据说有人看它分身，分到 2500 次，它还没有停止咧。

拟人

作者这里运用拟人手法，描述草履虫通过和同伴结合焕发青春，改变了老迈无能的处境，十分有趣、易懂。

但，不知怎样，它后来终于是老迈无能了，赶紧和它的同伴结婚，两只草履虫，相偎相倚，紧紧贴在一起，互吐津液，交换小核心，其中情形，曲曲折折，难分难舍，难以细描了。总之，经过了这一番甜蜜蜜的结合，唤回了青春，又彼此分栖，各自分成两个儿子，又分成四个孙儿，一共是八个青春活泼的草履虫，重返于从前独身分变的生活了。

这虽是有性生殖之一种，但不分阴阳，不辨雌雄，随随便便，找到同伴，结合结合，就行了。

然则，真的两性结合，又是怎样呢？

话又说到前面去了，不是那吃血的疟虫，正在用芽孢生殖法，循环地破坏我们的红血球吗？它若光是这样吃下去，老是躲在血球里面去，哪里会有这八面威风的架子，重见蚊子的肚肠，再乘着蚊子当飞机，去投弹于另一个人的血液里去呢？

疟虫深明疾病大势，精通攻人韬略，它在人血里传了好几代，儿孙满堂，饮血狂欢，不知哪里听到蚊子飞近的消息，有好几房的疟虫儿虫孙，在血球里面闷不过，不肯再分芽孢了，突然摇身一变，变成雌雄两个细胞，十分威仪。有一次，一对一对疟虫新夫妇，正在暗红的血洞里游行，忽然瞥见洞壁上插进来刺刀似的圆管，大家一看都乐了，都明白这是蚊子的刺，来接它们出去，于是它们一对一对，争先恐后地都跳进这刺管，冲到蚊子肚子里去了。在蚊子肚子里，那雄的细胞，放出好几条游丝似的精虫，有一条精虫跑得独快，先钻入那雌的细胞，和核心结合去，其余的精虫就都化走了。这样地结合之后，慢慢地涨大起来，分成了无数小镰刀似的疟虫芽孢儿，又伏在蚊子口津里，等着要吃人血了。

作者把疟虫被蚊子“带走”的过程描写得活灵活现，很容易引起读者的共鸣，吸引读者的注意力。

这就是雌雄两性生殖，顶简单的例子。

这一篇所讲的形形色色的杂碎的东西，就是单细胞生物的性生活的种种花样。至于多细胞生物的性生活又是怎样呢？那是后话。

精简点评

本节介绍了单细胞的繁殖方式，分为有性繁殖和无性繁殖。无性繁殖就是单细胞孤独寂寞地进行分身，通过一分二、二分四来“传宗接代”；有性繁殖就是两个细胞结合，通过二加一的方式来延续物种，虽然速度慢，但是质量高。作者在讲解科学知识的时候，用语诙谐，读来妙趣横生，非常值得我们在写作时借鉴。

佳词美句

羽扇纶巾　荒诞无稽　孤苦伶仃　婆娑多态　佶屈不平　爽人心脾　阴险成性

羽扇纶巾的诸葛亮，坐在手推车里，也会演出分身术的戏法来，把敌人兵马都吓退了。

自然界中，一切细腻而灵活、奇妙而真实的变动，肉眼虽大，总是看不见的啊！

春雷一响，草木个个都伸腰舒臂，呵一口气而醒来了。

阅读思考

1. 单细胞有哪几种繁殖方式？

2. 为什么会有从无性繁殖到有性繁殖的转变？

3. 本节运用了许多诙谐幽默的语言，请举出一两例。

新陈代谢中蛋白质的三种使命

“新陈代谢”这名词，在大众脑子里没有一些儿印象，就是有，也不十分深刻吧，有好些读者都还是初次见面。

比较熟识，且最受欢迎的，还是为首的那“新”字，尤其是在这充满了新年气象的当儿。

现在有多少人正忙着过新年。国难是已险恶到这地步，民众仍是不肯随随便便放弃去吃年糕的惯例。得贺年时，还是贺年。虽是旧历废了，改用新历，但不问新与旧，街坊上年糕店的生意依旧兴旺。

只要年糕够吃，人人都吃得起年糕，人人都能装出一副笑眼笑脸去吃年糕。中国是永远不会亡的。

若只有要人、阔人、名人等，乃至于汉奸，吃得有滋有味，而我们贫民、灾民、难民，被迫在走投无路的角落里，吃些又咸又苦的自己的眼泪，那中国就没有真亡。我们已受罪，受得不能再忍下去了。

假设和对比

作者通过假设和对比写出了贫富差距大给底层人民和社会带来的严重危害，引人深思。

就有那些人，成天里不吃别的，只吃些年糕当饭，也与健康有碍。因为平常的年糕里大部分都是米粉、糖及脂肪，所含的蛋白质极少极少，而蛋白质却是食物中的中坚分子，不容吃得太少了。

大众说：“‘蛋白质’又是一个新鲜的名词，有点生硬，咽不下去。”

化学家就解释说：“在动植物身上，所寻出的有机氮化物，大半都是蛋白质。例如，鸡蛋的蛋白就几乎完全都是蛋白质。蛋白质也因此而得名。蛋白质的种类很多，结构很复杂，而它实是一切活细胞里面最重要的成分。地球上所有的生命都不能没有它。动物的食料中万万不能缺少它。”

名师解读

蛋白质是人体必需的营养物质，是人体一切细胞的重要组成部分，和人的生命息息相关。这么重要的物质，在过去却没有人知道和重视，反映了过去的中国国民科学知识的匮乏。

生物身上之有蛋白质，是生命的基本力量。犹如国难声中之有救国学生运动，是挽救民族的基本力量啊。

名师解读

学生是一个国家进步的希望，是一个国家流动的血液，更是一个国家强盛的实践者。作者把学生比喻成国家的蛋白质，突出了青年学生对国家的重要性，正所谓“少年强则国强”。

学生是国家的蛋白质。

旧年过去新年来，有钱的人家，吃的总是大鸡大肉；没钱的人家，吃的总是青菜豆腐。有的穷苦的人家到了过年的时候，也勉强或借或当，凑出一点钱来买些不大新鲜的肉皮肉胚，尝尝肉味。有的更穷苦的，战战栗栗地拥着破棉袄，沿街讨饭也可以讨得一些肉渣菜底。顶苦的是苦了那些吃草根、树叶的灾民。在这冰天雪地的季节，草根也掘不动，树叶也凋零枯黄尽了。吃敌兵的炮弹，只有一刹那间的热血狂流，一死而休。真是，我们这些受冻饿压迫的活罪人，不是早已宣判了死刑，恨不得都冲到前线去，和陷我们堕入这人间地狱、比猛兽恶菌还凶狠的帝国主义者肉搏。

肉搏是靠着徒手空拳，靠着肉的抗争力量啊！这也靠着肉里面含有丰富坚实的蛋白质呀。然而经常吃肉的人，虽多是面团团、体胖胖，却不一定就精神百倍，气力十足。这是因为他们太舒服了，蛋白质没有完全被运用，失去均衡了。

对比

相比富人大鱼大肉的生活来说，穷人只能依靠植物中的蛋白质来补充身体所需的营养，既突出了植物性食物的作用，又表达了作者对劳苦大众的同情。

至于青菜豆腐、草根树叶，虽很微贱，贵人们都看不起，却也有生命的力量，也含有不少的蛋白质。这些植物的蛋白质，被吞到人的肚子里，不大容易被消化，没有猪肉、鸡肉那样容易被消化。然而劳苦大众吃了它们，多能尽量消化运用，丝毫都没有浪费，一滴一粒都变成血汗和种种有力的细胞，只恐不够。

蛋白质，不管是动物的，还是植物的，吃到了肚子里，经过了胃汁的消化，都会分解成为各种氨基酸。氨基酸又是一个新异的名词。我们大众只认它是一种较简单的有机氮化物罢了。

这些氨基酸就是蛋白质的代表，会渐渐被小肠、大肠圆壁上的血液所吸收。所以过了大小肠之后，大多数的蛋白质都渐

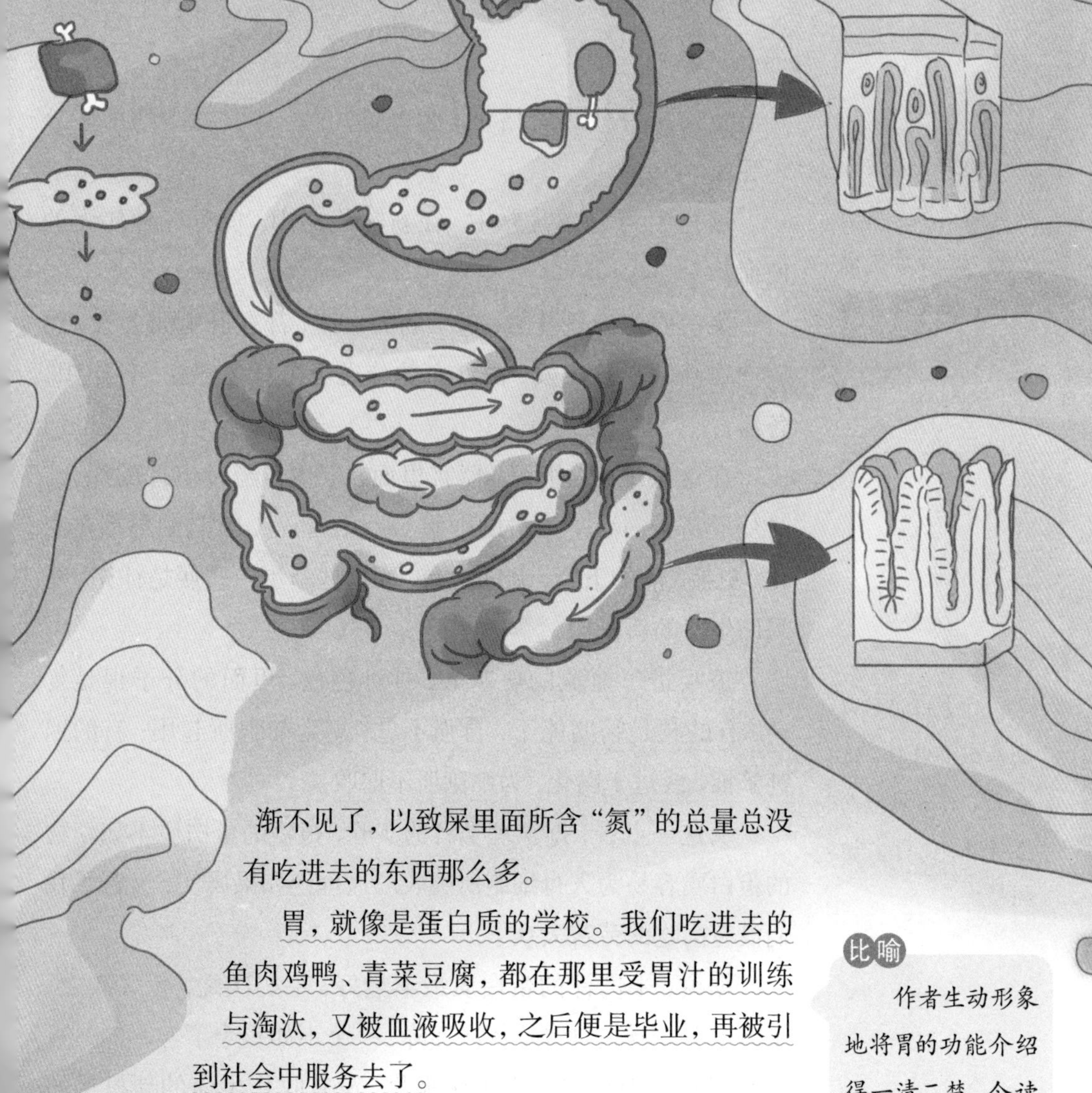

渐不见了，以致屎里面所含“氮”的总量总没有吃进去的东西那么多。

胃，就像是蛋白质的学校。我们吃进去的鱼肉鸡鸭、青菜豆腐，都在那里受胃汁的训练与淘汰，又被血液吸收，之后便是毕业，再被引到社会中服务去了。

比喻

作者生动形象地将胃的功能介绍得一清二楚，令读者印象深刻。

进了血液，到了社会以后，是怎样发展、怎样转变的呢？那便是我们目前所要追问的问题——新陈代谢。

新陈代谢是营养的别名，是食料由胃肠到血液之后，直至排泄出体外为止的这一大段过程中的种种演变。

新陈代谢不限于蛋白质，营养的要素还有碳水化合物、脂肪、维生素、水、无机盐等。这些要素，一件也不能缺少，缺少一件就要发生毛病。然而，蛋白质却是它们当中最实在、最中坚的分子。

设问

为何蛋白质在这些物质里是最重要的呢？作者提出问题，激发读者的阅读兴趣。

蛋白质有什么资格、什么力量，配称作食物中的中坚分子呢？

这是因为它在营养中，在新陈代谢中，负有三种伟大的使命。

蛋白质化为氨基酸，进了肠的血流，都在肝里面会齐，然后向血液的总流出发，由红血球分送至全身各细胞、各组织、各器官。

在这些细胞、组织、器官里面，氨基酸经过生理的综合，又变成新蛋白质。人身的细胞、组织、器官，时时刻刻都在变化、更换，旧的下野，新的上台，而这些新蛋白质便是补充、复兴旧生命的新机构。

拟人

作者根据不同氨基酸的特性，赋予了它们不同的性格特点，使行文妙趣横生。

被吸进了血流的氨基酸，种种色色，里面的分子很是复杂，有的颇是精明能干，自强不息，立为细胞所起用；有的迟钝笨拙，或过于腐化，为细胞所不愿收。

从这一点看，据生理学者的实验，植物的蛋白质不如动物的蛋白质容易为人身细胞所吸收。这理论如果属实，又苦了我们没有肉吃的劳苦大众了。

据说，牛肉汁的蛋白质最丰最好，牛奶次之，鱼又次之，蟹肉、豆、麦粉、米饭，依次递降，一个不如一个了。

那些不为细胞组织等所吸收，没有收作生命的新机构的氨基酸，做什么去了？我们吃多了蛋白质，所剩的蛋白人才有什么出路呢？

总结

本段对上一个阶段论述进行总结，引出下文关于蛋白质的第三种使命的论述。

它们的大部分就都变成生命的活动力，变成和碳水化合物及脂肪一样的物质，也会发热，也会生力。“氨基酸”又被分解了。一部分变成“阿摩尼亚”，又变成了“尿素”，顺着尿道出去了；另一部分受了氧化，以供给生命的新动力。

这生命的新动力，便是蛋白质的第二种使命。

食物蛋白质的第三种使命，就是储存起来，以备非常时的急用。在这一点上，它们是生命的准备库，是生存竞争的后备军。这一定要等到生命的新机构完成，活动力充足以后，才有这一部分多余的分子。

我们平日每顿饭都吃得饱饱的，尤其是常吃滋补品的人，身上自然就留下许多没有事干的、失业的蛋白质。它们都东漂西泊，散在人身的流液或组织里面，没有一点儿生气。

拟人

作者将枯燥的科学理论转化成连篇妙语，让阅读过程更加有趣。

但一到了危难的时候，一到人挨饿挨了好几天的时候，肚子里蛋白质宣告破产，血液没有收入，于是各组织都急忙调动那些储存的蛋白质来补充。于是这些失业的蛋白质便都应召而往，活跃起来了。所以平常吃得好，蛋白质有雄厚的储备，一旦事起，虽绝食几天，也不要紧。

在新陈代谢中，蛋白质是生命的新机构，生命的新动力，生命的准备库。可见……

学生，在民族解放运动声中，也负有这三种重大的使命。

学生是国家的新蛋白质。

敬祝：学生运动成功！

精简点评

本节主要介绍了新陈代谢中蛋白质的三种使命，作者运用大量的拟人手法来阐述“新陈代谢”的含义、作用，通过生动形象的语言刻画出一个又一个鲜活的场景，将蛋白质在身体里的作用介绍得清楚明白，可见作者构思之巧妙、笔力之灵动。在这一节中，作者在讲述科学知识以外，还由饮食联想到了当时中国社会巨大的贫富差距，联想到了贫苦百姓食不果腹的悲惨生活，对底层人民表达了深切的同情；更是由蛋白质对人体的作用联想到了青年学生在民族解放运动中的作用，体现了作者忧国忧民的伟大情怀。

佳词美句

走投无路　战战栗栗　冰天雪地　凋零枯黄　东漂西泊

比较熟识，且最受欢迎的，还是为首的那“新”字，尤其是在这充满了新年气象的当儿。

国难是已险恶到这地步，民众仍是不肯随随便便放弃去吃年糕的惯例。得贺年时，还是贺年。虽是旧历废了，改用新历，但不问新与旧，街坊上年糕店的生意依旧兴旺。

生物身上之有蛋白质，是生命的基本力量。犹如国难声中之有救国学生运动，是挽救民族的基本力量啊。

顶苦的是苦了那些吃草根、树叶的灾民。在这冰天雪地的季节，草根也掘不动，树叶也凋零枯黄尽了。吃敌兵的炮弹，只有一刹那间的热血狂流，一死而休。

我们平日每顿饭都吃得饱饱的，尤其是常吃滋补品的人，身上自然就留下许多没有事干的、失业的蛋白质。它们都东漂西泊，散在人身的流液或组织里面，没有一点儿生气。

阅读思考

1. 什么是蛋白质？

2. 为什么说学生是国家的蛋白质？

3. 在新陈代谢中，蛋白质的使命是什么？

民主的纤毛细胞

为了要写一篇科学小品，我的大脑就召集全身细胞代表在大脑细胞的会议厅里面开了一次紧急会议，商讨应付办法。纤毛细胞和肌肉细胞的代表联名提出了一个书面建议。在那建议书上，它们提出了一个题目，就是“纤毛细胞和肌肉细胞”。它们的理由是：纤毛和肌肉都是人身劳动的主要工具，都是生命最活泼的机器，应该向广大中国人民做一番普遍的宣传。

大脑召集细胞们开会，作者用这种方式去解释“思考”这件事情，别致新颖、妙趣横生，可见作者的想象力之丰富。在平时的生活中，我们也要注意培养和提高想象力，让大脑“活”起来。

我的大脑细胞就说：“本细胞不是生理学专家，虽然也曾在医科大学的生理学讲堂里听过课，并且曾在生理学的实验室里跑来跑去过，但这是很久以前的事了。因此，对于生理学的记忆是十分模糊的。”

名师解读

在这里，大脑细胞所说的话，其实就是作者自己的所思所想。作者说自己不是生理学家，对生理学的记忆十分模糊，一方面体现了作者的谦虚，另一方面体现了作者对待科学的严谨态度。

经过大家讨论之后，就决定在大脑的记忆区里面选出几位代表，会同视觉和听觉的代表，坐回忆号的轮船到微生物的世界里去访问微生物界的几个特殊的细胞，征求它们的意见。

首先，它们去访问的是细菌国里的球菌先生。

球菌先生正坐在显微镜底下的玻璃片上面的一滴水里面。它是一个一丝不挂的光溜溜的细胞，坐在那里动也不动。它对我的大脑细胞代表团说：“这题目我对它一点印象都没有，因为我本身的细胞膜上面一根毛也没有。当我出现在地球上的空气中和土壤里面的时候，生物的伸缩运动还没有开始。因此，我对于这个问题是没有什么意见的。”

在另外一张玻璃片上，它们又去访问了杆菌先生的家庭。

杆菌先生的家里，人口众多，形形色色，无奇不有。有的细胞肚里藏着一颗十分坚实的芽孢，有的细胞身上披着一层油腻的脂肪衣服。最后，我的大脑细胞代表团发现一群杆菌在水

比喻

作者抓住杆菌的特点和生活的范围进行介绍，十分准确、形象。

比喻

作者将原虫界分成四大类，文字纵横有趣，让读者爱不释手。

阅读笔记

里游泳，露出一根一根胡须似的长毛。

它们就上前对这些有毛的杆菌说明了来意。

那些杆菌就说："我们细胞身上虽然长出不少的毛，但它们的科学名词却是鞭毛。我们都是鞭毛细菌，纤毛细胞还是我们的后辈。你们要到动物细胞的世界里面去调查一下，才能明了真相呀。"

出了细菌国的边境，有两条水路：一条可以通到原生植物的国界，一条可以直达原生动物的国境。

这原生动物的国土上有四个大都市：第一个大都市是变形虫都市；第二个大都市是鞭毛虫都市；第三个大都市就是纤毛虫都市；还有一个大都市，那是孢子虫都市。

变形虫和孢子虫的细胞身上都没有毛，而鞭毛虫的细胞身上只有稀稀疏疏的几根鞭子似的长毛。只有那第三个大都市居民的细胞身上才生长着满身的纤毛。它们才是纤毛细胞真正的代表，也就是我的大脑细胞代表团所要访问的对象。

于是，它们就到纤毛虫都市里去采访这一篇科学小品的材料。

它们走进城里，看见那些细胞民众都在舞动着它们的纤毛，有的在走路，有的在吸取食物，有的在呼吸新鲜的空气。

它们看见那些纤毛摇动的形式各有不同，有的是钩来钩去的，有的是摇摇摆摆的，有的像大海中的波浪，有的像漏斗，但是它们的劳动都是许多纤毛集合在一起劳动的，有统一运动的方向。

当时，它们的发言人对我大脑细胞代表团说：

"我们这一群纤毛细胞，世世代代都是住宿在这样的水面，有时也曾到其他动物身上去旅行。你们人类的大小肠就是我们富丽堂皇的旅馆，而我们的国家则是这水界天下。

"当我们出外游行的时候，我们常看到许多动物体内都有和我们一模一样的纤毛细胞。

“你瞧，在你们人类的身体上就有许多地方生长着和我们同样的纤毛细胞。

“像在你们的鼻腔里、你们的咽喉里、你们的气管道上、你们的支气管道上、你们的泪管道上、你们的泪囊里、你们的生殖道上、你们的尿道上、你们的输卵管道上、你们的输精管道上，甚至你们的耳道上，甚至你们的脑室里和脊髓管上，都有纤毛细胞在守卫着，像守卫着国土一样。

“它们的工作是输送外物出境。从卵巢到子宫的卵的输送和从子宫到输卵管的精虫的护送，也是它们的责任呀。

“它们这些纤毛细胞身上的纤毛，虽然非常渺小，但是由于它们的劳动是集体的合作，它们的方向是一致的，所以它们能够肩负起很重的担子。根据某生理学家的估计，在每 0.01 平方米的面积上面，它们能够举起 336 克重的东西。

“这些纤毛细胞们还有一个最大的特点，就是它们都是人体上的自由人民。它们的劳动是自立的，不受大脑的指挥，不受神经的管制。就是把它们和人体分离出来，它们还能够暂时维持它们纤毛的活动。

“但是好像处在反动统治时期高物价的压迫下，人民受尽了饥饿的苦难。这些纤毛细胞在高温度的压迫下，它们的纤毛也会变得僵硬而失去了作用。

“正如在反动统治的环境里面，许多人民不能生活下去。这些纤毛细胞在强酸性的环境里面，也不能生存下去。”

我的大脑细胞代表团听完了这些话，就决定写一篇关于纤毛细胞的报告，并且把它的题目定为“民主的纤毛细胞”。

排比

内容体现了作者在专业领域的研究之透彻，令人信服。

阅读笔记

拟人

作者把纤毛细胞比拟为“自由人民”，非常直观地诠释了纤毛细胞在人体内的工作状态。

精简点评

本节通过一种另类的形式——紧急会议，为我们介绍了不同种类的细胞。作者通过拟人、排比等修辞手法来介绍不同细胞的外貌特征、活动范围等，将大量枯燥的科学理论用风趣生动的方式呈现在读者面前，读来就好像上了一节别开生面的细胞知识课。

佳词美句

一丝不挂　伸缩运动　形形色色　无奇不有　稀稀疏疏　富丽堂皇　一模一样

细胞民众都在舞动着它们的纤毛，有的在走路，有的在吸取食物，有的在呼吸新鲜的空气。

有的是钩来钩去的，有的是摇摇摆摆的，有的像大海中的波浪，有的像漏斗，但是它们的劳动都是许多纤毛集合在一起劳动的，有统一运动的方向。

你们人类的大小肠就是我们富丽堂皇的旅馆，而我们的国家则是这水界天下。

阅读思考

1. 本节一共介绍了多少种细胞？
2. 纤毛细胞到底是什么？
3. 作者是通过什么方式为我们介绍纤毛细胞的？

纸的故事

一

我们的名字叫作“纤维”，我们生长在植物身上。地球上所有的木材、竹片、棉、麻、稻草、麦秆和芦苇都是我们的家。

我们有很多的用处，其中最大的一个用处，就是我们能造纸。

> **叙述**
> 本段点明纤维最大的作用，同时为下文起到提纲挈领的作用。

这个秘密，在 1800 多年以前，就被中国的古人知道了，这是中国古代的伟大发明之一。

在这以前，人们记载文字，有的是刻在石头上，有的是刻在竹简上，有的是刻在木片上，有的是刻在龟甲和兽骨上，有的是铸造在钟鼎彝器上。这些做法，都是很笨的呀！

到了东汉时代（公元 105 年），就有一位聪明的人，名叫蔡伦的，他聚集了那时候劳动人民丰富的经验，发明了造纸的方法。用纸来记载文字就便当多了。

蔡伦用树皮、麻头、破布和渔网作原料，这些原料里面都有我们存在。他把这些原料放在石臼里舂烂，再和上水就变成了浆。他又用丝线织成网，用竹竿做成筐，做成造纸的模型。他把浆倒在模型里，不断地摇动，使得那些原料变成了一张席，等水都从网里逃光了，就变成了一张纸，再小心地把它拉下，铺在板上，放在太阳光下晒干，或者把它焙干，就变成了干的纸张。这就是中国手工造纸的老方法。

> **解释说明**
> 作者使用大量笔墨详细介绍了中国古代的造纸技术，突出了中国古代人民的智慧与勤劳。

纸在中国被发明以后，又过了 1000 多年，才由阿拉伯人把它带到欧洲各国去旅行。它到过西西里、西班牙、叙利亚、意大利、德意志和俄罗斯，差不多游遍了全世界。造纸的原料沿路都有改变。

普通造纸的方法，都是用木材或破布等作原料。

在这些原料里面，都少不了我们，我们是造纸的主要分子。拿一根折断的火柴，再从破布里抽出一根纱，放在放大镜下面看一看，你就可以看出火柴和纱都是我们组织成的。纸就是由我们造成的。你只要撕一片纸，在光亮处细看那毛边，就很容易看出我们的形状。

名师解读

这里用一句话将作者和读者连在了一起。“给你们听好吗？”语气亲切，就好像长辈给晚辈讲故事一样，让读者很有代入感，不由自主地进入了聆听的状态。

二

我们现在讲一个破布变纸的故事，给你们听好吗？这是我们在破布身上亲身经历的事。

有一天，破布被房东太太抛弃了。不久它就被收买烂东西的人捡走，和别的破布一起送到工厂里去。

在工厂里，他们先拿破布来蒸，杀死我们身上的细菌，去掉我们身上的灰尘。工厂里有一种特别的机器，专用来打灰尘的，一天可以弄干净几千磅的破布。随后他们把这干净的破布放在撕布机里，撕得粉碎。为了要把我们身上一切的杂质去掉，他们就把这些布屑放在一个大锅里，和着化学药品一起煮，于是我们被煮烂了。他们又用特别的机器把我们打成浆。他们还有一部大机器，是由许多小机器构成的。纸浆由这一头进去，制成的纸由那一头出来。我们先走进沙箱里，是一个有粗筛底的箱子，哎呀！我们跌了一跤，我们身上的沙，都沉到底下去了。于是我们流进过滤器——是一个有孔的鼓筒，不断地摇动，我们身上结的团块都留在鼓筒里。于是我们变成了清洁的浆，从孔里漏出来，流到一个网上。最后，我们由网送到布条上，把我们带到一套滚子中间，有些滚子把我们里面的水挤压掉，另有些有热蒸气的滚子，把我们完全烤干。最后我们就变成了一片美丽而大方的纸张。这就是机器造纸的方法。

这样，我们从破布或其他废料出身，经过科学的改造，变成了有用的纸张，变成了文化阵线上的战士。

名师解读

原本没有用处的废料，经过“千锤百炼”之后，变成了有用的纸张和“战士”。正所谓“梅花香自苦寒来”“风雨之后见彩虹”，在生活中，我们也要做直面困难的斗士，为美好的明天而奋斗。

精简点评

本节讲述了造纸的故事，造纸的原材料是纤维，作者运用第一人称，以纤维的视角来描述造纸的过程，表述生动详细。在阅读过程中，读者很容易被带入，不知不觉也化身成了一个小小的“纤维”，仿佛亲身经历了整个造纸过程。

佳词美句

钟鼎彝器　便当　春烂　焙干　毛边

我们的名字叫作“纤维”，我们生长在植物身上。

有的是刻在石头上，有的是刻在竹简上，有的是刻在木片上，有的是刻在龟甲和兽骨上，有的是铸造在钟鼎彝器上。

我们先走进沙箱里，是一个有粗筛底的箱子，哎呀！我们跌了一跤，我们身上的沙，都沉到底下去了。

阅读思考

1. 造纸术的发明者是谁？
2. 请简述中国古代造纸的过程。
3. 西方改进了造纸术后，造纸的过程是怎样的？

漫谈粗粮和细粮

在一次营养座谈会上，我们讨论粗粮和细粮的问题，在座的有好多位伙食委员、经济专家、营养专家等。现在我把我们座谈的内容总结如下：

第一，我们谈到主食和副食的关系。

我们的伙食都是以粮食为主的，所有的粮食，如米饭、馒头、窝头、烙饼等，都是主食。所有的小菜，如青菜、豆腐、鱼、虾、肉、蛋以及水果等，都是副食。

举例子

作者对日常所食之物进行了详细分类，让我们知道了主食和副食的区别。

我国广大人民过去由于生活困难，在伙食方面养成了一种习惯，就是只注重主食而不注重副食，只注重吃饭而不注重吃菜，人们把大部分伙食费都花在主食方面。有许多单位和家庭把百分之八十的伙食费都花在主食方面，只有很少一部分花在副食方面。

解释说明

此处让读者了解了我国人民重主食轻副食的思维习惯的成因。

到了解放以后，因为国民经济状况逐步转好了，大家都富裕了一些，都想吃得好些，可是很多人就不想在副食上多花些钱，而光是想把粗粮换成细粮。有好些学校、机关、团体负责伙食的同志们，也犯了这个毛病，他们把大部分的伙食费买了白米、白面，结果副食费就很少了，不够补偿白米、白面的缺点，使大家不能得到所需要的营养。这样就使得好些人从前在伙食不好的时候还不常患什么营养缺乏病，这时候吃得“好”了，倒反而患病了。

为了满足我们身体对营养的需要，我们应当多增加些副食。白米、白面的绝大部分，在化学上说来，是碳水化合物（白面中还有一部分蛋白质），它所起的作用，主要是供给我们身体的热和能。副食除了有主食的这种作用以外，还供给我们身体所需要的其他营养成分。

对比

作者从对身体所需营养的角度分析了主副食的成分，提醒人们要重视副食。只有将主食和副食搭配食用，才能摄入全面、充足的营养。

但是为了要普遍满足广大人民对副食的需要，我们还必须促使国民经济进一步发展，这里包括着发展工业来推动农业的机械化和大量兴修水利工程以及发展畜牧业和渔业。在目前的经济情况下，要改进广大人民的营养条件，除了适当地增加副食以外，还必须在主食方面解决一部分问题。这就是：调剂主食，把主食的种类增多，吃细粮，也吃粗粮。

第二，我们谈到粗粮和细粮的区别。

细粮是指白米、白面，粗粮是指一般杂粮，这里面有：小米、高粱米、玉米、杂合面、黑面、荞麦面等。

分类说明

作者列举了生活中常见的粮食的名称，让读者直观地理解了什么是细粮，什么是粗粮。

各种谷类的蛋白质成分各不相同，因此，它们的营养价值也不相同。这是因为，蛋白质是由各种不同的氨基酸组成的，一种谷类的蛋白质可能只含有某几种氨基酸，而缺乏其他几种。我们的身体需要各种不同的氨基酸。假使我们平常只吃一种粮食，就会使我们的身体得不到充分的、各种不同的氨基酸。因此，粗粮细粮掺和着吃，是有好处的。

从维生素方面来讲，粗粮也有它的优点。我们知道，胡萝卜素是甲种维生素的前身，它在动物的体内能转化成为甲种维生素，可是它在细粮里面的含量太少了，而在小米和玉米里面它的含量就比较多。硫胺素（就是一号乙种维生素）和核黄素（就是二号乙种维生素），都存在于谷皮和谷胚里面，因此它们在粗粮里面的含量也比细粮高。至于说到其他维生素如尼克酸（也叫作烟碱酸）和无机盐如钙质和铁质等，一般也是粗粮比细粮含量高。

补充说明

括号里的内容起到补充说明的作用，让读者更易理解，可以看出作者行文时非常能够照顾到读者的感受。

第三，我们谈到我们身体所需要的营养成分。

我们身体每天所需要的营养成分，就是碳水化合物、脂肪、蛋白质、无机盐和维生素等，因此，我们每天所吃的食物里面也必须含有它们，一种也不能缺少。

碳水化合物的作用主要是供给我们身体的热和能。

脂肪的作用，除了供给热和能以外，还能保持体温，保护神经系统、肌肉和各种重要器官，使它们不会受到摩擦。

蛋白质是构成我们身体组织的主要材料，它能使我们身体生长新的细胞和修补旧的组织。正在生长中的儿童应该多吃含有蛋白质的食物，促使他发育成长。正在恢复期间的病人和产妇，也需要多吃含有蛋白质的食物，来修补被破坏了的组织。

无机盐有很多种，它们的作用都不一样：铁是造血的原料，钙是制骨的器材，磷是大脑、神经、奶汁、骨的建筑用品，碘可以预防“甲状腺”的肿大，其他如钠、钾、镁等也各有各的用处。

解释说明

内容诠释了无机盐中不同成分的功能，用浅显易懂的语言把知识讲得很清楚。

维生素也有许多种（已发现的约有 30 来种，其中有些是有机酸，有些是别种有机化合物），它们是生活机能的激动力，是日常食物中必不可少的物质。吃了充分的维生素，我们的身体才能达到均衡的发展。它们还能加强我们身体的抵抗力，不仅能帮助白血球和抗体抵抗传染病的侵犯，而且还可以预防各种营养不足的病症。

如果我们的身体缺乏了甲种维生素，就会得夜盲病和干眼病。得夜盲病的人一到了傍晚，眼睛就看不清东西了，厉害的就会变成瞎子。得干眼病的人，最初的病症是眼球发干，眼泪少，后来渐渐发炎，出很多的眼屎，再坏下去就会流血流脓，眼球上起白斑，到后来眼球烂坏，眼睛就瞎掉了。

名师解读

作者在这里举了一个简单的例子，即身体缺少某种甲种维生素后会产生什么疾病，以及疾病的严重后果。这就告诉我们，在生活中不能挑食、偏食，要摄入全面充足的营养，这样才能保证身体健康。

如果我们的身体缺乏硫胺素（一号乙种维生素），起初是胃口不开，精神不振，情绪不佳，易发脾气，消化不良，晚上睡不着觉，心脏跳动没有规律，思想不集中，后来就得了脚气病，两腿瘫软，不能直立行走，这就是干性脚气病。如果心脏受了障碍，影响了血液循环，就有两腿浮肿的现象，这就是湿性脚气病。

如果我们的身体缺乏了核黄素（二号乙种维生素），就会发生口角炎、唇炎、舌炎，或者有阴囊皮炎、颜面皮肤炎等症状。

名师解读

身体缺少了尼克酸，会导致腹泻。身体越虚弱的人，腹泻带来的痛苦越大，严重的会导致死亡，所以我们一定要重视尼克酸的摄入。

如果我们的身体缺乏了尼克酸（也是一种乙种维生素），就会发生神经、皮肤和肠胃系统的各种症状。神经症状严重的人会发呆。皮肤症状最常见的就是癞皮病：皮肤发炎、红肿、发黑变硬、起皱纹、有裂缝。肠胃症状主要的是腹泻，拉出的屎像水一样，混杂着未消化的食物，气味难闻得很，有时候可以一天拉30多次；如果治疗不当，也会引起死亡。

补充说明

身体有些营养是无法通过粮食来补充的，所以就需要摄入其他食物。在这里，作者举出一些常见的相关食材，给读者以切实可行的指导。

如果我们的身体缺乏了丙种维生素（这种维生素虽然不存在粮食里面，但也是我们不可缺少的一种营养成分；一切新鲜的蔬菜和水果，如辣椒、番茄、橘子、橙子、柚子、柠檬、白菜、萝卜等，里面都有它），骨头容易变质，牙齿容易坏，微血管容易破裂出血，结果就会成为坏血病。

丙种维生素在我们身体里面，可以促进抗体的产生，增加人体对于传染病的抵抗力。

此外，还有丁种、戊种和子种等各种维生素，在这里就不一个一个细讲了。

这样说来，我们的食物里面所含有的各种营养成分，对于我们的身体是非常需要的。可是，这些营养成分，在精白细粮里面的含量不足人体的需要，大多数的粗粮里面才有充足的含量。吃细粮，也吃粗粮，我们身体在这方面的需要就能得到完全满足。这样看来，粗粮细粮都吃的人的身体比单吃细粮的人好，难道还不够明显吗？

第四，我们还指出了粗粮的价钱比细粮贱。

有一位经济专家说："白米白面，不但营养价值不如粗粮，而且价钱反而贵得多。譬如说，一斤小站大米价格是二角一分，一斤白面约合到一角九分，而一斤小米只有一角四分，一斤玉米面只要一角二分。这就是说，买一斤小站大米的钱，够买一斤半小米；买一斤白面的钱，也可以买一斤九两多玉米面。那么，我们为什么不掺和着吃些粗粮，省下钱来多买一些副食品吃呢？”

说到这里，有一位有胃病的同志提出了疑问，他说：“粗粮怕不会比细粮容易消化吧？”

营养专家说：“我们必须从影响消化的各种因素来看问题。先要看我们的食物里面所含的粗纤维多不多。任何食物都含有一定分量的粗纤维，粗纤维有刺激肠蠕动的作用。如果食物所含的粗纤维过多了，肠蠕动受了过分的刺激，使食物在比较短的时间内就通过消化器官，以至消化液不能有充分的时间发挥分解食物的作用，便会造成消化不良。但是如果粗纤维含量过少了，也会影响肠蠕动不良，容易引起便秘。因此，食物中有适当含量的粗纤维（每天每人 5~10 克），那是必需的。有些粗粮如高粱和小米，粗纤维的含量不比细粮高，其他粗粮的粗纤维的含量，除了大麦、莜麦之外，也不至于对消化有什么影响。

“容易消化不容易消化再要看怎样煮法。大米煮熟以后是比高粱米和小米煮熟后消化得要快一些，但是如果将大米磨成米粉，再用水来煮，它的消化速度和经过同样处理的高粱粉和小米粉并没有什么区别。

“容易消化不容易消化更要看怎样吃法。有许多人吃东西是采取狼吞虎咽的办法，不经过咀嚼，没有发挥唾液的消化作用就吞下去，这样的吃法，不但粗粮不容易消化，就是吃细粮也一样不会消化完全的。此外，每次吃的分量，也会影响到消化的能力。

“还有，人体消化器官的功能和饮食习惯也有很大的关系。没有习惯吃粗粮的人，吃了粗粮之后先是不容易消化的，到习惯以后，一样可以很好地消化这些粮食。”

举例说明

为了证明粗粮比细粮便宜，作者列举了很多粗细粮的价格来做对比，让读者一目了然。

补充说明

此处体现了作者细心、谨慎、严谨的写作态度。

阅读笔记

语言描写

这句话代表了一种普遍的观点，为引出下文的论述做准备。

最后，有些同志提出粗粮好吃不好吃的问题。

他们说："吃粗粮虽然比吃细粮好，但是粗粮究竟没有细粮好吃呀！"

营养专家说："白米、白面比较粗粮容易做得好吃些，但人们觉得白米、白面好吃，有一部分还是由于老的习惯。这种习惯是可以逐渐改变的，觉得好吃不好吃的标准也是可以逐渐地改变的。况且，粗粮如果能稍稍加以精制和调和，也可以使它更适合人们的口味。在粗粮的制作方面，只要能注意多种多样化，时常改变花样，就可以提高人们对粗粮制品的兴趣。把小米面、玉米面和黄豆面三种混合起来吃，不但营养价值能增高，滋味也是很好的。"

补充说明

这里强调了吃菜的好处，意在向读者说明蔬菜的价值，引导读者不偏食、挑食。

我们在主食中吃粗粮以后，就可以将节余下来的伙食费，增买一些蔬菜。每人最好每天吃到蔬菜 1 斤，其中有一半是叶菜，尤其是绿叶菜（绿叶菜含有丰富的胡萝卜素和丙种维生素）。在冬季绿叶菜比较少些，可以多吃豆芽和甜薯，这两种食物都含有很丰富的丙种维生素。其他副食品要看经济条件而定，如果不能吃到鸡蛋和瘦肉、肝类的话，就多吃些黄豆制品如豆腐等。

补充说明

在介绍了各种食物的营养价值之后，作者还考虑到了烹饪方法对这些食物的营养价值的影响，可见作者是一个思虑周全的心细之人。

此外，在烹饪操作上也还有几点要注意的地方：

（一）维生素大多数都是有机酸，它们都是怕碱的，所以做饭、做菜都不要加碱，免得维生素受到破坏。

（二）丙种维生素和乙种维生素都是容易溶解在水里的，它们又都怕热，所以不要用热水洗菜，应该先洗后切，切好马上下锅。洗米的时候次数也不要洗得太多，不然会使这些维生素损失掉。

（三）把米或其他食物放在不透气的蒸锅里蒸，不用火焰直接来煮，是一种很好的烹饪方法，蒸汽的压力不但能使食物熟得快，而且食物的营养成分也能够保存下来。

我们的党和毛主席是关心我们每一个人的健康的。我们的伙食，如果按照上面所讲的原则来改善，我们的健康状况一定可以提高，大家将有更充沛的精神和体力投身到祖国的经济建设事业中去。

精简点评

在本节中，作者主要介绍了不同营养元素对身体的作用，以及不同的食物中所包含的不同营养成分。作者用亲切、生动的语言告诉我们，人体所需的营养元素有很多，需要通过摄入不同的食物来补充，挑食和偏食都是不可取的。

佳词美句

调剂　掺和　精神不振　瘫软　浮肿

我们还必须促使国民经济进一步发展，这里包括着发展工业来推动农业的机械化和大量兴修水利工程以及发展畜牧业和渔业。

细粮是指白米、白面，粗粮是指一般杂粮，这里面有：小米、高粱米、玉米、杂合面、黑面、荞麦面等。

食物中有适当含量的粗纤维（每天每人5~10克），那是必需的。

阅读思考

1. 什么是粗粮？什么是细粮？
2. 粗粮中含有哪些营养元素？
3. 人体所需的营养元素有哪些？

从历史的窗口看技术革命

阅读笔记

大约在四五十万年以前，我们的祖先北京猿人就开始用火了。不过，他们用的还是野火。

火的发明，是人类征服自然的开端。火不但给黑夜带来了光明，给寒冷带来了温暖；人们还利用它来驱赶野兽，把生肉烤成熟肉吃。

这时候，人们还制造了一些粗笨的劳动工具，如石刀、石斧等。

这是石器时代。

这之后，人们学会了钻木取火，又逐渐学会了烧制陶器、冶炼金属。

于是就有了铜器和铁器的出现。

这些石器、铜器和铁器都是极简单的劳动工具，他们要靠双手的力气来和自然作斗争，如打猎、打铁、耕田、锄地、搬东西等都是。

这还谈不上什么技术。

人们不能满足于只靠一双手使用工具和自然斗争。

在寻找劳动助手的时候，他们首先利用了畜力。

大约在二千五六百年前，我国历史上所说的春秋时代，就使用马拉车、牛拉铁犁耕田了。

举例子

作者列举我国古代劳动人民使用马、牛耕田的例子，来说明人类从依靠自己的力量生存到借助外力生存的发展过程。

后来又渐渐学会了利用水力和风力。

大约在一千六七百年前，我国历史上所说的东汉末年，就发明了水力机和风力机。

当时东方的古国如埃及等，也有了这些东西。

水力机和风力机都能带动别的工具和机器工作。

这是技术的萌芽时代。

大约1000多年前，水力机和风力机从东方传到了欧洲，大受欧洲人的欢迎。他们逐步地加以改良。到了18世纪，英国人和俄国人都能制造相当精巧的水力机，并且用它们来转动工厂里的机器。

后来，工业技术继续发展，机器的花样越来越多，不能光靠水力和风力来发动了。

于是就有人想起了利用蒸汽。

蒸汽的力量非常强大，一锅水沸腾起来，全部变成水蒸气，可以变成1600锅。

假如把一锅水关闭在一个密封的器具里，让它变成水蒸气，通过导管进入汽缸，就会冲动汽缸里的活塞，使它来回移动，这样就能带动各种机器工作。

这就是蒸汽机。

蒸汽机是在1774年由苏格兰的工人瓦特最后制造成功的。

在他以前，曾有许多发明家对于蒸汽机的构造都有过贡献。

俄国的发明家波尔祖诺夫，就在1765年制成第一架完全可以适用工厂生产的蒸汽机。可是，没有引起沙皇政府的重视，不幸被埋没了。

蒸汽机的发明，是大生产时代的开始。从此，工厂林立，铁路纵横，世界面貌为之一新。

但是呀，蒸汽机的锅炉又大又笨重，有些地方用起来很不方便。

于是又有人在想：能不能把燃料直接放在汽缸里燃烧呢？

他们看到炮弹躺在大炮的胸膛里，点起引线，就会爆炸发射出去，飞得很远很远。

他们就得到了启发。为什么不能把汽缸当作大炮？拿活

举例说明

作者通过介绍人类发现并利用火，到利用水力机和风力机，最后对这些机器进行改良的过程，说明了人类利用自然和改造自然的能力正在一步步提升，科学技术就在这个过程中不断地发展着。

设问

解决实际遇到的问题就是科技进步的动力。正是因为人类看到了蒸汽机的缺点，才会对动力进行重新思考，技术才得以进步。

塞代替炮弹。

于是就发明了内燃机。

内燃机不用笨重的煤炭作燃料，而是用煤气或是汽油和柴油所挥发出来的气体。

随着内燃机的发明，汽车、飞机、坦克车和拖拉机等也都创造出来了。

内燃机对于人类的贡献不算小。从前用旧式犁需要耕一天的地，现在用拖拉机几分钟就耕好了；从前步行需要十天左右的路程，现在乘飞机个把钟头就可以飞到了。

名师解读

内燃机的发明推动了时代的进步，它大大提升了农业生产的效率，缩短了人与人之间的距离，让人类制造出了很多便利的工具。总之，科学技术推动社会进步，是人类发展的必然。

轮船、火车、汽车、坦克车、拖拉机、飞机等都得用钢铁来制造，所以人们又把我们现在所处的这个时代叫作钢的时代。

电和火一样，早就引起人们的注意了。直到 16 世纪，人们对于电的现象，才开始有了正确的认识。

1760 年，科学家发明了避雷针之后，人们就积极想办法用人工的方法制造电。

有许多科学家，如意大利的加伐尼和伏打、俄国的彼得罗夫、法国的安培等，他们对于电流的研究都有不少的贡献。而以英国的一个铁匠的儿子叫作法拉第，为研究电流最有成绩的一人，他在 1831 年，发明了电动机和发电机。

电动机能转动机器，发电机能发出电流。

于是电报、电话、电灯、电车等都相继发明了。

现在许多地方都有发电站，人们利用火力、水力、风力和其他一切自然力都可以发电。这比内燃机要方便得多了。

19 世纪末，人们又发明了无线电。人们利用无线电波通过空间来传播声音和影像；来远距离控制和操纵机器。

名师解读

无线电的发明，让社会进入了一个崭新的阶段。它彻底拉近了人与人之间的距离，不管相距多远，都可以使用无线电相互联系；通过无线电广播、电视，人们不用出门就能了解世界。可以说，无线电的发明直接导致信息的更新速度变快，是如今信息化时代的开端。

于是无线电报、无线电话、无线电广播、电视和雷达等都陆续出现了。世界科学技术又迈进了一大步。

30 多年前，人类又掌握了一种新的巨大的自然力量——原子能，这是原子核分裂的时候所放出的大量的能。它比火力要强大 100 万倍到 1000 万倍。1 公斤铀块，所放出来的原子能就等于烧掉两三千吨煤。

列数字

这里强调了原子能的巨大威力。实际上，利用原子能发电的技术已经运用在民生、军事领域了。它的发明，再次将人类社会的科技水平提升到了一个新的阶段。

如果把原子能用到工农业生产和交通运输上，一定会引起技术上更大的革命。这在苏联已经由幻想变成事实了。这样，从石器、铜器、铁器到钢；从手工具、半机械化、机械化到自动化；从火的发明到蒸汽机、内燃机、电动机和原子能的出现，技术的发展走过一段漫长的路程，但是人类终于依靠自己的劳动，逐步地提高了物质和文化生活的水平。

最近，人类人造地球卫星发射成功，是人类和自然斗争的又一次空前伟大的胜利。科学技术越来越发达，人类的前途越来越光明。

精简点评

作者运用简洁的文字，将整个人类的奋斗史缩编成千余字呈现给读者，用很短的篇幅把科学技术层面的人类发展史清晰地梳理了一遍，其中涉及了人类发展的每一个重要阶段。读完本节内容，我们不得不钦佩作者纯熟的文字驾驭能力和严谨的逻辑思维能力。

佳词美句

驱赶　粗笨　钻木取火　精巧　埋没　林立　纵横

蒸汽的力量非常强大，一锅水沸腾起来，全部变成水蒸气，可以变成1600锅。

这是原子核分裂的时候所放出的大量的能。它比火力要强大100万倍到1000倍。1公斤铀块，所放出来的原子能就等于烧掉两三千吨煤。

人类人造地球卫星发射成功，是人类和自然斗争的又一次空前伟大的胜利。

阅读思考

1. 人类科技一共经历了几个时期？
2. 内燃机的工作原理是什么？
3. 无线电是什么原理？

土 壤 世 界

土壤——绿色植物的工厂

阅读笔记

在一般人的心目中，土壤没有受到应有的重视。有些人认为：土壤就是肮脏的泥土，它是死气沉沉的东西，静伏在我们的脚下不动，并且和一切腐败的物质同流合污。

这种轻视土壤的思想，是和轻视劳动的态度联在一起的。这是对于土壤极大的诬蔑。

在我们劳动人民的眼光里，土壤是庄稼最好的朋友。要使庄稼长得好，要多打粮食，就得在土壤身上多下点功夫。

要知道，土壤和阳光、空气、水一样，都是生命的源泉。“万物土中生”，这是我国一句老话。苏联作家伊林，也曾把土壤叫作“奇异的仓库”。

不错，土壤的确是生产的能手，它对于人类生活的贡献非常大。我们的衣、食、住、行和其他生活资料都靠它供应。它给我们生产粮食、棉花、蔬菜、水果、饲料、木材和工业原料。

老实说，没有土壤我们就不能生存。

因此，我们要很好地去认识土壤，了解它，爱护它。

土壤是制造绿色植物的工厂，它对于植物的生活负有大部分的责任，它是植物水分和养料的供应者。

纯粹的泥土，没有水分和养料的泥土，不能叫作土壤。土壤这个概念，是和它的肥力分不开的。

肥力就是生长植物的能力，就是水分和养料。这些水分和养料，被植物的根系吸取，通过叶绿素的光合作用，在阳光照耀之下，它们会同空气中的二氧化碳，变成植物的有机质。

下定义

作者运用浅显易懂的语言给土壤下了科学的定义，令人记忆深刻。

能生长植物的泥土，就叫作土壤。这是苏联伟大的土壤学家威廉士给土壤所下的科学定义。他说："当我们谈到土壤时，应该把它理解为地球上陆地的松软表面地层，能够生长植物的表层。"

肥沃性是土壤的特点，它随着环境条件的改变经常不断地发生着变化。

有的土壤肥沃，有的土壤贫瘠。

肥沃的土壤是丰收的保证；贫瘠的土壤给我们带来不幸的歉年。

土壤一旦失去肥力，不能生长植物，就变成毫无价值的泥土而不再是土壤了。

土壤是大试验室、大工厂、大战场。在这儿，经常不断地进行着物理、化学和生物学的变化；在这儿，昼夜不息地进行着破坏和建设两大工程；在这儿，也进行着生和死的搏斗、生物和非生物的大混战，气氛非常热烈而紧张。

拟人

作者生动形象地将土壤中包含的一切按照人类部队的名称来分类阐述，让人眼前一亮，印象深刻。

在参加作战的行列中，有矿物部队，如各种无机盐；有植物部队，如枯草、落叶和各种植物的根；有动物部队，如蚂蚁、蚯蚓和各种昆虫以及腐烂的尸体；有微生物部队，如原虫、藻类、真菌、放线菌和鼎鼎大名的细菌等。此外，还有水的部队和空气部队。所以有人说："土壤是死自然和活自然的统一体。"这句话真不错。

自从人类进入这个大战场之后，人就变成决定土壤命运的主人。

人类向土壤进行一系列的有计划的战斗，例如耕作、灌溉、施肥和合理轮作等。于是，土壤开始为农业生产服务，不能不听人的指挥，服从人的意志了。这样，土壤就变成了人类劳动的产物，为人类造福。

土壤是怎样形成的？

大约几万万年以前，当地球还是非常年轻的时候，地面上尽是高山和岩石，既没有平地，也没有泥土。大地上是一片寂寞荒凉的景象，毫无生命的气息。

白天，烈日当空，石头被晒得又热又烫；晚上，受着寒气的袭击，骤然变冷。夏天和冬天相差得更厉害。几千万年过去了，这一热一冷、一胀一缩，终于使石头产生了裂缝。

> 名师解读
>
> 原来地球从前环境竟然如此恶劣，并不是一开始就像现在这样生机盎然。试想，如果我们处在那样的环境中，还能生存吗？所以，我们要珍惜现在这个美丽的家园。

有的时候，阴云密布、大雨滂沱，雨水冲进了石头裂缝里面，有一部分石头就被溶解。

到了寒冷的季节，水凝结成冰，冰的体积比水的体积大，更容易把石头胀破。

狂风吹起来了，像疯子一样，吹得飞沙走石；连大石头都摇动了。

还有冰川的作用，也给石头施上很大的压力，使它们破碎。

就是这样：风吹、雨打、太阳晒和冰川的作用，几千万年过去了，石头从山上滚落下来，大石块变成小石块，小石块变成石子，石子变成沙子，沙子变成泥土。

这些沙子和泥土，被大水冲刷下来，慢慢地沉积在山谷里，日子久了，山谷就变成平地。从此，漫山遍野都是泥土。这是风化过程。

但是呀！泥土还不是土壤，泥土只是制作土壤的原料。要想泥土变成土壤，还得经过生物界的劳动。

> 名师解读
>
> 泥土不等于土壤，因为其中的转换缺少了一样东西——生物界的劳动。为什么这样说？因为泥土是风化的结果，里面没有空气，没有营养。作者在下文会介绍为什么经过了生物界的劳动，泥土才能算是土壤。

首先，是微生物的劳动。

微生物是第一批土壤的劳动者。在生命开始那一天，它们就参加建设土壤的工作了。微生物是极小极小的生物，它们的代表是原虫、藻类、真菌、放线菌和鼎鼎大名的细菌。

这些微生物繁殖力非常强，只要有一点点水分和养料，就

会迅速地繁殖起来。它们对于养料的要求并不高，有的时候有点硫磺或铁粉就可以充饥；有的时候能吸取到空气中的氮也可以养活自己，于是泥土里就有了氮的化合物的成分。同时，泥土也变得疏松了些。这是泥土变成土壤的第一步。

但是，微生物的身子很小，它们的能力究竟有限，不能改变泥土的整个面貌，只能为比它们大一点的生物铺平生活的道路。经过若干年以后，另外一种比较高级的生物——像地衣之类的东西——就在泥土里出现了。它们的生活条件稍微高一点，它们死后，泥土里的有机质和腐殖质的成分又多了一些，泥土也变得更肥沃一些。

此句将话题从微生物转移到地衣之类的高级生物上，衔接自然、流畅。

随着生物的进化，苔藓类和羊齿类的植物相继出现了。

每一次更高一级的生物的出现，都给泥土带来了新的有机质和腐殖质的内容。

这样，慢慢地，一步一步地，泥土就变成了土壤。

如果没有生物界的劳动，泥土变成土壤，是不能想象的。

这里既是对前文的总结，也是在强调生物界的劳动对土壤形成的重要作用。

不过，在不同的地方，不同的泥土、不同的气候、不同的地形和不同的生物，都会影响土壤的性质。

对于植物的生活来说，随着自然的发展，有时候土壤会变得更加肥沃，有时候土壤也会变得贫瘠。

农民带着锄头和犁耙来同土壤打交道，要它们生产什么，就生产什么；要它们生产多少，就生产多少。在人的管理下，土壤不断地向前革命。

在我们社会主义国家里，土壤的情绪是非常饱满而乐观的，它们都以忘我的劳动为农业生产服务。

什么决定土壤的性质？

土壤的种类繁多，名称不一，有什么黑钙土、栗钙土、红

叙述

本段点明本小节的主要内容，起到总领下文的作用。

拟人

作者运用高超的写作技巧，将母质、土壤、岩石之间的关系阐述得清楚明白、一目了然。

阅读笔记

对比

作者从正反两个方面阐述了气候对土壤的影响，更易于读者理解。

壤、黄壤之类奇异的名称。这些不同名称的土壤，各有不同的性质，有的非常肥沃，有的十分贫瘠。

决定土壤性质的有五种因素，这些就是：母质、气候、地形、生物和土壤年龄。

第一谈谈母质。

母质又叫作生土，它们是土壤的父母，岩石的儿女。土壤都是由母质变来的，母质又都是从岩石变来的。

地球上岩石的种类也很多：有白色的石英岩；有灰色的石灰岩；有斑斑点点的花岗岩；有一片一片的云母岩；等等。这些不同的岩石，是由不同的矿物组成的。不同的矿物具有不同的性质，有的容易分解和溶解，有的比较难，它们的化学成分也不相同。

母质既然是岩石的儿女，它们的化学成分既受岩石的影响，又转过来影响土壤质量的好坏。例如：母质所含的碳酸盐越多，土壤也就越肥沃；相反，如果碳酸盐缺少，土壤就变得贫瘠。

母质——土壤的父母，它们的密度、多孔性和导热性也影响土壤的性质。如果母质是疏松多孔又容易导热，就能使土壤里有充分的空气和水分，那么土壤的肥沃性就有了保证。

第二谈气候。

不同的地区，有不同的气候。风、湿度、蒸发的作用、温度和雨量，都是气候的要素，它们都会影响土壤的性质。其中以温度和雨量的作用更为显著。温度越高，土壤里的物理、化学和生物学的变化就进行得越快；温度越低就进行得越慢。雨量越多，土壤里淋洗的作用就越强，很多的无机盐和腐殖质就会被带走。雨量越少，土壤就会变得越干燥，淋洗作用也减弱。

第三谈地形。

地形的不同，对于土壤的性质也有很大影响。这是由于气候和地形的关系很密切，往往由于一山之隔，山前山后、山上山下的气候都不相同。一般说来：地势越高，气候越冷；地势越低，气候越热；背阴的地方冷，向阳的地方热。如果是斜坡，土壤容易滑下来，土层就不厚；如果是洼地，土粒就很容易聚集起来，土层就堆得厚。地势越高，地下水越深；地势越低，地下水离地面越近。

所以，由于地形的不同，影响了土壤的性质，使有些地方植物生长得很好，有些地方植物生长得不好。

第四谈生物。

生物界对于土壤的影响是很大的，它们的行列中有植物、动物和微生物。

植物是土壤养料的蓄积者，它们的遗体留在土中，可以增加土壤有机质和腐殖质的成分，以供微生物活动的需要。植物的根还会分泌带有酸性的化合物，可以使土壤中难于分解的矿物质得到分解。

由于植物的覆盖，可以改变气候，就会使土壤的性质发生变化。例如：森林能缓和风力，积蓄雨水和雪水，润湿空气，减少土壤的蒸发。

动物中如蚯蚓、蚂蚁和各种昆虫的幼虫，也都是土壤的建设者，它们在土壤里窜来窜去，经过它们的活动，就会使土粒松软。

微生物对于土壤的性质影响更大。微生物的代表有原虫、藻类、真菌、放线菌和细菌，它们一面破坏复杂的有机物，一面建设简单的无机盐，促进了土壤的变化，使植物能得到更多的养料。它们之中，以细菌最为活跃，细菌不但是空气中氮素的固定者，它们还经常和豆科植物合作，把更多的氮素固定起来，使土壤肥沃，就是它们死后的残体也变成了植物的养料。

第五谈土壤年龄。

土壤的年龄有大有小。土壤从它的发生到现在，一直都在

作者对不同类型的地势、地形进行了分门别类的说明，使行文更有逻辑性。

阅读笔记

总结

上述五种对土壤性质有影响的因素，它们最后都掌握在人类的手中，体现了作者“人定胜天”的思想。

变化和发展。它由一种土壤变成另一种不同的土壤，因而土壤的年龄和它的性质是有关系的。土壤越老，它的内容越复杂。

以上五种因素，对于土壤的性质都有影响。但是，它们都可以由人类来控制。人类向大自然进军的目的，就是要改变土壤的性质，用人的劳动来控制土壤发展的方向，使它能更好地为农业生产服务。

精简点评

本节从三个方面介绍了土壤：什么是土壤、土壤是怎么形成的，以及是什么决定了土壤的性质。作者以轻快活泼的语言，层次分明地为我们娓娓道来，使我们在阅读完之后，能够对土壤有一个比较全面、基本的了解。

佳词美句

同流合污　昼夜不息　鼎鼎大名　烈日当空　阴云密布　大雨滂沱　飞沙走石

土壤和阳光、空气、水一样，都是生命的源泉。

大地上是一片寂寞荒凉的景象，毫无生命的气息。

土壤的年龄有大有小。土壤从它的发生到现在，一直都在变化和发展。它由一种土壤变成另一种不同的土壤，因而土壤的年龄和它的性质是有关系的。土壤越老，它的内容越复杂。

阅读思考

1. 土壤是怎么形成的？
2. 决定土壤的五大因素分别是什么？
3. 什么是土壤？

水的改造

名师解读

文章开头点明水和外界环境的关系，强调杂质越多水越浑浊，杂质越少水越清净。那么，水为什么会有杂质？浑浊的水有哪些危害？又有什么防御和治理办法来保证人们的饮水安全呢？这就是作者写这篇文章的用意所在。

水，在它的漫长旅途中，走过曲折蜿蜒的道路，它和外界环境的关系是错综复杂的，因而水里时常含有各种杂质，杂质越多水就越污浊，杂质越少水就越清净。

纯洁毫无杂质的水，在自然界中是没有的，只有人工制造的蒸馏水，才是最纯洁的水。蒸馏的方法是：把水煮开，让水蒸气通过冷凝管重新变成水，再收留在无菌的瓶罐中，这样，所有的杂质都清除了。蒸馏水在化学上的用途很广，化学家离不开它；在医院里、在药房里、在大轮船上，它也有广泛的应用。

水里面所含的杂质如果混有病菌或病原虫，特别是伤寒、霍乱、痢疾之类的病菌，那就十分危险了。所以没有经过消毒的水，再渴也不要喝。

名师解读

水是组成人体的重要物质，也是人体不可或缺的资源。所以，水的安全与否与我们的生命健康息息相关。

为了保证居民的饮水卫生，水的检查就成为现代公共卫生的一项重要措施。在大城市里，水每天都要受到化学和细菌学的检验，这是非常必要的。在农村里，井水和泉水最好也能每隔几个月检验一次。

水经过检查以后，还必须进行一系列的清洁处理。我们的水源有时混进粪污和垃圾，这就是危险的根源。

一般说来，上游的水比下游的水干净，井、泉的水比江河的水干净，雨水又比地面的水干净。

江河的水都是拖泥带沙，十分混浊，所以第一步要先把水引进蓄水池或水库里聚集起来，让它在那儿停留几个星期到几个月之久，使那些泥沙都沉积到水底，水里的细菌就会大大地减少。

但是，总免不了有一些微小的污浊物沉不下去，这就需要

用凝固和过滤的方法，把它们清除掉。

凝固的方法：把明矾或氨投在水中，所有不沉的杂质都会凝结成胶状的东西被清除出去。

过滤的方法：强迫污浊的水通过沙滤变成清水。这样做，有百分之九十的细菌都被拦住。

至于还有一些漏网的细菌，那就必须进一步想办法加以扑灭。

这就是空气澄清法和氯气消毒法。

空气澄清法，就是把水喷到空中，让日光和空气把它澄清。

解释说明

这里详细介绍了氯气的颜色和将其制作成液体的工艺，增长了读者的知识。

氯气消毒法，就是用氯气来消毒水。氯气是一种绿黄色的气体，化学家用冷却和压缩的方法把它制成液体。氯气有毒，但是，一百万份水里加进四五份液体氯，对于人体和其他动物是无害的，而细菌却被完全消灭了。

氯气在水里有气味，有些人喝不惯这样的水。近来有人提倡用紫外光线来杀菌，这样，水就没有气味了。

解释说明

文中给出了水有异味的常见原因和解决办法，实用性很强。

有时候，水的气味不好，是水中有某种藻类繁殖的结果。在这种情形下，我们可以在水里稍许加些硫酸铜，就能把藻类杀尽。硫酸铜这种蓝色的药品，对于人类也是有毒的，但是在3000吨水里，只加5公斤硫酸铜，那就没问题。

为了消灭水里的气味，又有人用活性炭，它能把水里的气味全部吸收，而且很容易除掉。

经过清洁处理的水，是怎样输送到各用户手里去的呢？它必须通过大大小小的水管，经过长途的旅行，然后才能到达每一个机关、工厂和住宅，人们把水龙头拧开，水就淙淙地奔流出来了。

由于地心引力的影响，水都是从高处流向低处的，所以蓄水池和水库必须建筑在高地上，如果用井水和泉水做水源，那就必须用抽水机把水抽送到水塔里去，水塔一定要高过附近所有的建筑物，才能保证最高一层楼的人都有水用。

解释说明

作者从地心引力的角度，通俗地解释了蓄水池和水库为什么必须建在高地上。

精简点评

作者在这一节中介绍了水质的问题，以及自然界中的水对人类有什么危害、人类该如何解决等内容。通过阅读本节内容，我们轻松掌握了有关水的基本知识，可谓受益匪浅。而从哲学的角度来说，有“水利万物而不争”“上善若水”等说法，可见水不只关系着人类的生命健康，也在文化领域发挥着自己的作用。

佳词美句

曲折蜿蜒　错综复杂　毫无杂质　拖泥带沙　凝固　淙淙地

水，在它的漫长旅途中，走过曲折蜿蜒的道路，它和外界环境的关系是错综复杂的。

上游的水比下游的水干净，井、泉的水比江河的水干净，雨水又比地面的水干净。

由于地心引力的影响，水都是从高处流向低处的。

阅读思考

1. 世界上最干净没有污染的水是哪种？
2. 解决水质问题有什么样的办法？
3. 水的气味不好是因为什么？

衣料会议

衣服是人体的保护者。人类的祖先，在穴居野外的时候，就懂得这个意义了。他们把骨头磨成针，拿缝好的兽皮来遮盖身体，这就是衣服的起源。

解释说明

作者用简洁的语言介绍人类穿衣服的好处，生活气息浓厚。

有了衣服，人体就不会受到灰尘、垃圾和细菌的污染而引起传染病；有了衣服，外伤的危害也会减轻。衣服还帮助人体同天气作不屈不挠的斗争：它能调节体温，抵抗严寒和酷暑的进攻。在冰雪的冬天，它能防止体热发散，在炎热的夏天，它又能挡住那吓人的太阳辐射。

制造衣服的原料叫作衣料。衣料有各种各样的代表，它们的家庭出身和个人成分都不一样。今天，它们都聚集在一起开会，让我们来认识认识它们吧！

棉花、苎麻和亚麻生长在田地里，它们的成分都是碳水化合物。

比喻

本段说明了棉花的巨大价值，“白色的金子”可谓名副其实。

棉花曾被称作“白色的金子”，它是衣料中的积极分子。从古时候起它就勤勤恳恳为人类服务。在人们学会了编织筐子和席子以后，不久也就学会了用棉花来纺纱织布了。

从手工业到机械化大生产的时代，棉花的子孙们一直都在繁忙紧张地工作着，从机器到机器，从车间到车间，它们到处飘舞着。当它来到缝纫机之前，还得到印染工厂去游历一番，然后受到广大人民的热烈欢迎。

苎麻和亚麻也是制造衣服的能手，它们曾被称作“夏天的纤维”。它们的纤维非常强韧有力，见水也不容易腐烂，耐摩擦、散热快。它们的用途很广，能织各种高级细布，用作衣料既柔软爽身又经久耐穿。

羊毛和皮革都是以牧场为家，它们的成分都是蛋白质。

羊毛是衣料中又轻又软、经久耐用的保暖家，是制造呢料的能手。它们所以能保暖，是由于在它的结构中有空隙，可以把空气拘留起来。不流动的空气原是热的不良导体，可以使内热不易发散，外寒不易侵入。

在人们驯服了绵羊以后，就逐渐学会了取毛的技术。

人类成功饲养动物后，发现有些动物的价值不只在于吃肉，它们的皮毛也有很大的用处。于是，在驯服绵羊以后，人们开始将羊毛制作成衣服来抵御寒冷，渐渐地就学会和积累了获取羊毛的技术。

皮革不是衣料中的正式代表，因为它不能通风，又不大能吸收水分，因而不能作普通衣服用。可是在衣服的家属里，有许多成员如皮帽、皮大衣、皮背心、皮鞋等都是用它们来制造，它们还经营着许多副业如皮带、皮包、皮箱等。皮子要经过浸湿、去毛、鞣制、染色等手续，才能变成真正有用的皮革。

像皮革一样，漆布、油布、橡皮布也不是正式代表，它们却有一些特别用途，那就是制造雨衣、雨帽和雨伞。

蚕丝是衣料中的漂亮人物，也是纤维中的杰出人才，它曾被称作“纤维皇后”。它的出身是来自养蚕之家，它的个人成分也是蛋白质。蚕吃饱了桑叶，发育长大后，就从下唇的小孔里吐出一种黏液，见了空气，黏液便结成美丽的丝。蚕丝在自然界中是最细最长的纤维之一，富有光泽，非常坚韧而又柔软，也能吸收水分。

名师解读

蚕丝之所以能成为纤维中的“人才”，是因为用它制作而成的丝绸质地坚韧又柔软，而且非常美观。中国是著名的“丝绸之国”，古代的丝绸之路将中国产的丝绸运往世界各地，深受世界人民的喜爱。

利用蚕丝，首先应当归功于我们伟大祖先黄帝的元妃——嫘祖。这是4500多年前的事。她教会了妇女们养蚕抽丝的技术，她们就用蚕丝织成绸子。其实，有关嫘祖的故事只是一个美丽的传说。真正发明养蚕织绸的，是我国古代的劳动人民。随着劳动人民在这方面的经验和成就的不断积累提高，蚕丝事业在我国越来越发达起来。公元前数世纪，我国的丝绸就开始出口了，西汉以后成了主要的出口物资之一，给祖国带来了很大的荣誉。

在现代人民的生活里，人们对衣服的要求是多种多样的，而且还要物美价廉，一般的丝织品和毛织品，还不能达到这样的要求，人们正在为寻找更经济、更美观的新衣料而努力着。

近些年来，在市场上，出现了各种品种的人造丝、人造棉、人造皮革和人造羊毛，这些都是衣料会议中的特邀代表。

人造丝来自森林；人造棉来自木材和野生纤维；人造皮革和人造羊毛来自石油城。

衣料会议中，有一位最年轻的代表，它的名字叫作无纺织布，它来自化学工厂。这是世界纺织工业中带有革命性的最新成就。这种布做成衣服能使我们感到：更轻便，更舒服，更保暖防热，更丰富多彩，也更经济。

拟人

作者将无纺织布比拟为衣料会议中的年轻代表，既能激发读者的兴趣，又能自然地引出下文。

无纺织布有人叫作“不织的布”，可以用两种方法来生产。第一种是缝合法，把棉、毛、麻、丝等纺织用的原料梳成纤维网，经过反复折叠变成絮层，然后再缝合成布。第二种是粘合法，把纤维网变成絮层，再用橡胶液喷在絮层上粘压成布。

解释说明

这里详细介绍了无纺织布的两种生产方法，作者的知识储备令人折服。

无纺织布是第二次世界大战后的新产品，因为它能利用低级原料，产量高而成本低，还能制造一般纺织工业目前不能制造的品种，所以世界各国都很重视它的发展，它的新品种不断地在出现。

衣料代表真是济济一堂。

在闭幕那一天，它们通过两项决议。

它们号召：做衣服不要做得太紧，也不要做得太宽。太紧了会压迫身体内部的器官，妨碍肠管的蠕动和血液流通；太宽了妨碍动作而且不能起保暖的作用。

它们呼吁：衣服要勤洗换，要经常拿出来晒晒太阳，以免细菌繁殖；在收藏起来的时候，还得加些樟脑片或卫生球，预防蛀虫侵蚀。保护衣服就是保护自己的身体。

阅读笔记

精简点评

作者在本节中通过“衣料召开会议”这种有趣新颖的方式介绍了衣料的种类，并对每种衣料做了详细介绍，语言通俗易懂、生动活泼，让读者在轻松愉快的阅读氛围中不知不觉地掌握了知识。

佳词美句

不屈不挠　勤勤恳恳　强韧有力　鞣制　养蚕织绸　物美价廉

他们把骨头磨成针，拿缝好的兽皮来遮盖身体，这就是衣服的起源。

棉花曾被称作“白色的金子”，它是衣料中的积极分子。

真正发明养蚕织绸的，是我国古代的劳动人民。

阅读思考

1. 文中提到了哪些种类的衣料？
2. 什么是无纺织布？它的作用是什么？
3. 作者在最后为什么要提出那两点意见？

光和色的表演

节日的首都，艳装盛服，打扮得格外漂亮。到了晚上，各种灯光交相辉映，天安门前焰火大放，更显得光辉灿烂，美丽夺目。这正是光和色大表演的时候。

光来自发光体，这些发光体，有的是天然的，有的是人工的。对于居住在地球上的人来说，最主要的发光体就是太阳。天空里还有无数的恒星，有的比太阳还要庞大而光亮，但是它们离我们的地球都太远了。自然界里虽然还有许多微小的发光体如萤火虫、海底发光的鱼类、发光的细菌以及几种放射性元素，但是它们必须在黑暗中才能显现出来。

举例子

作者用具体的事例告诉我们光不一定来自发光体，激起读者对光一探究竟的兴趣。

在晚上，我们就需要依靠人工发光体——灯火之光——来照明了。暴风雨中的闪电，虽然也是一种发光，但它不能持久。月亮就不是发光体，它的光是太阳所反射出来的。

光从发光体出发，在旅途中，受到各种物质的欢迎。有些物质是透明体，如空气、玻璃和胶片，光射到它们的身上，照例是通行无阻的。有些物质是半透明体，如雾、磨光玻璃和玻璃砖，光到了那里，一部分被反射，一部分被吸收，还有一部分是溜过去了。有些物质是不透明体，如木头、厚布、石板和金属，在这里，光的进军就受到完全的阻挠，不是被反射，就是被吸收。这是光在行进中的三种遭遇。

对比

内容强调光遇到粗糙的表面和遇到光滑的镜子不同，激起读者的好奇心，引出下文。

光遇到平滑的镜子，它的脚步是非常整齐的，因而镜中能留下物影，这是它最惊人的表现；光遇到粗糙的表面，就不是这样。

镜是光的助手，在凹面镜的大力支持下，光的强度是加大了，从小小的手电筒到大大的探照灯，都是利用了这个原理，光变得威风凛凛了。

色是光的女儿，如果让太阳的光线穿过三棱镜，光受到了曲折，就会呈现出一条美丽的色系，由大红而金黄，而黄，而绿，而靛青，而蓝，而紫，这是色的七个姊妹。红以下，紫以外，因为光波太长或太短的缘故，不得而见了。如果我们仔细观察一下，还有许多中间色，这些都是色的儿女，这些色混合在一起，会化作一道白光。

大雨过后，这七个姊妹常常在天空出现，十分美丽，这时候人们把它们叫作“虹”。

人们对于色的知觉，可以分作两派，一派是无色，一派是有色。

无色派就是黑与白及中间的灰色。

有色派就是太阳光色系中的各色，再加上各种混合色，如橄榄色和褐色之类。

有色派又分作两小派，一小派是正色，一小派是杂色。

火焰和血的狂流，都是热烈的殷红；晴朗的天空、海洋的水，都是伟大的蓝；大地上不是一片青青的草、绿绿的叶，就是一片黄黄的沙、紫紫的石，这些都是正色。

傍晚和黎明的霓霞、花儿的瓣、鸟儿的羽、蝴蝶的翅、金鱼的鳞，乃至于化学药品展览室里一瓶一瓶新发明的奇怪染料，这些都是杂色。

人们对于色都有好感。彩色的图画、彩色的电影和彩色的电视，都赢得了观众不少的好评。国庆节的礼花，这是铅、镁、钠、锶、钡、铜等各种金属燃烧后所放出的光和色的联合大表演，更是美丽动人，能使人欢欣鼓舞、精神振奋，进入诗的境界。

阅读笔记

大力宣传戒烟

吸烟可能是世界上损害健康的一个最大的原因，估计得保守一点儿，每年至少有100万男女死于吸烟。

烟，几乎成了世界抨击的对象，戒烟宣传风行全球。烟危害之烈，是由于烟中的尼古丁被血液吸收而引起的。

举例子

这里列举了尼古丁对人体的诸多危害，起到警示作用。

尼古丁进入血液之后，人就会发生种种疾病，如肺癌、动脉硬化症、心脏病、气管炎等。尼古丁对身体的毒性作用是很大的。

烟中的尼古丁能够溶解在酒精里，所以边饮酒边吸烟的人，尼古丁就会很快地进入血液。

吸入人体的尼古丁是在肝脏解毒的，而酒精却直接破坏肝脏的解毒功能。

过滤嘴烟实际上只是一种减毒纸烟。吸过滤嘴烟，可使吸烟人受害小些、慢些，但并非无害。

对比

吸过滤嘴烟的人的血中，一氧化碳的含量比吸普通烟者高，文中用具体的数字说明了过滤嘴烟对健康的危害更大。

过滤嘴虽能滤过一部分毒素，但是过滤嘴会使烟燃烧不充分。吸过滤嘴烟的人血液中一氧化碳含量比吸普通烟者要高20%。因此，加过滤嘴并没有解决根本问题。

大量的资料充分地说明了，吸烟不仅有害自己，而且烟雾弥漫，影响周围不吸烟的人。更为严重的，妇女吸烟还危害胎儿正常的生长发育和影响儿童身心的健康。

设问

作者提出一个大部分人都关心的问题，并且独立成段，一则可以引起读者的重视，二则自然引出下文。

那么，怎样才能有效地戒烟呢？

主要应当依靠吸烟者的决心和毅力。有的人指出：服用小苏打有助于戒烟，还有各种戒烟糖和药方。总之，戒烟是有办法的，也是能够戒掉的。

我希望广大的医务工作者都要像今天的医学专家们一样，身体力行，在本地区内，采取各种不同形式，大力宣传吸烟害处，积极创作这方面的科普作品。同时，我们的医务工作者，更要身教重于言教，在宣传吸烟有害与戒烟中，起模范带头作用。同志们：让我们共同努力，摒弃吸烟这个不良嗜好，身体健康、精力充沛地为实现四个现代化作出贡献，为祖国增光添彩，为民族扬眉吐气吧！

精简点评

烟中的尼古丁对人体危害巨大，会引起各种疾病，比如肺癌、心脏病等。另外，人体是通过肝脏来排尼古丁之毒的，而尼古丁可以溶于酒精，而酒精会破坏肝脏的排毒功能，所以吸烟的同时喝酒对身体的伤害是双倍的。总而言之，吸烟的危害巨大，我们不仅要做到自己不抽烟，还应劝诫身边的亲戚朋友不抽烟。

佳词美句

抨击　烟雾弥漫　身体力行　身教重于言教　精力充沛　增光添彩　扬眉吐气

吸入人体的尼古丁是在肝脏解毒的，而酒精却直接破坏肝脏的解毒功能。

吸烟不仅有害自己，而且烟雾弥漫，影响周围不吸烟的人。更为严重的，妇女吸烟还危害胎儿正常的生长发育和影响儿童身心的健康。

怎样才能有效地戒烟呢？主要应当依靠吸烟者的决心和毅力。

阅读思考

1. 吸烟有什么危害？
2. 为什么要吸烟？
3. 如何杜绝尼古丁对人体的危害？

笑

随着现代医学的发展，我们对于笑的认识，更加深刻了。

笑，是心情愉快的表现，对于健康是有益的。笑，是一种复杂的神经反射作用，当外界的一种笑料变成信号，通过感官传入大脑皮层，大脑皮层接到信号，就会立刻指挥肌肉或一部分肌肉动作起来。

小则嫣然一笑，笑容可掬，这不过是一种轻微的肌肉动作。一般的微笑，就是这样。

大则是爽朗的笑，放声的笑，不仅脸部肌肉动作，就是发声器官也动作起来。捧腹大笑，手舞足蹈，甚至全身肌肉、骨骼都动员起来了。

名师解读

笑对人体有哪些好处，作者在这里做出了详细的说明，希望引导读者笑口常开，树立一种健康的、向上的生活态度。

笑在胸腔，能扩张胸肌，肺部加强了运动，使人呼吸正常。

笑在肚子里，腹肌收缩了而又张开，及时产生胃液，帮助消化，增进食欲，促进人体的新陈代谢。

笑在心脏，血管的肌肉加强了运动，使血液循环加强，淋巴循环加快，使人面色红润，神采奕奕。

笑在全身，全身肌肉都动作起来。兴奋之余，使人睡眠充足，精神饱满。

名师解读

从这里可以看出，笑是一种丰富的、有益于身心健康的活动，如果生活中没有了笑容，我们就会郁郁寡欢、生病，生活也会变得压抑乏味，难怪人们常说“笑一笑，十年少”。

笑，也是一种运动，不断地变化发展。笑的声音有大有小；有远有近；有高有低；有粗有细；有快有慢；有真有假；有聪明的，有笨拙的；有柔和的，有粗暴的；有爽朗的，有娇嫩的；有现实的，有浪漫的；有冷笑，有热情的笑，如此等等，不一而足，这是笑的辩证法。

笑有笑的哲学。

笑的本质，是精神愉快。

笑的现象，是让笑容、笑声伴随着你的生活。

笑的形式，多种多样，千姿百态，无时不有，无处不有。

笑的内容，丰富多彩，包括人的一生。

笑话、笑料的题材，比比皆是，可以汇编成专集。

笑有笑的医学。笑能治病。神经衰弱的人，要多笑。

笑可以消除肌肉过分紧张的状况，防止疼痛。

笑也有一个限度，适可而止，患有高血压或心肌梗塞的病人，不宜大笑。

笑有笑的心理学。各行各业的人，对于笑都有他们自己的看法，都有他们的心理特点。售货员对顾客一笑，这笑是有礼貌的笑，使顾客感到温暖。

笑有笑的政治学。做政治思想工作的人，非有笑容不可，不能板着面孔。

笑有笑的教育学。孔子说："学而时习之，不亦说乎！"这是孔子勉励他的门生们要勤奋学习。读书是一件快乐的事。我们在学校里，常常听到读书声，夹着笑声。

笑有笑的艺术。演员的笑，笑得那样惬意，那样开心，所以，人们在看喜剧、滑稽戏和马戏等表演时，剧场里总是笑声不断。笑有笑的文学，相声就是笑的文学。

笑有笑的诗歌。在春节期间，《人民日报》发表了有笑的诗。其内容是："当你撕下1981年的第一张日历，你笑了，笑了，笑得这样甜蜜，是坚信青春的树越长越葱茏？是祝愿生命的花愈开愈艳丽？呵！在祖国新年建设的宏图中，你的笑一定是浓浓的春色一笔……"

笑，你是嘴边一朵花，在颈上花苑里开放。

你是脸上一朵云，在眉宇双目间飞翔。

你是美的姐妹，艺术家的娇儿。

你是爱的伴侣，生活有了爱情，你笑得更甜。笑，你是治病的良方，健康的朋友。

阅读笔记

比喻

此处说明爱笑的人容易受到人们的喜欢，给人带来亲切和温暖的感觉。

你是一种动力，推动工作与生产前进。

笑是一种个人的创造，也是一种集体生活感情融洽的表现。

笑是一件大好事，笑是建设社会主义精神文明的一个方面。

让全人类都有笑意、笑容和笑声，把悲惨的世界变成欢乐的海洋。

叙述

作者希望世界能够变成欢乐的海洋，人类将能在健康和精神两个方面受益良多。

精简点评

本小节讲述了笑的“魔力”，通过类似散文诗的方式，对这个平时没有人在意的动作展开了详细介绍。对我们自己来说，笑对我们的身心健康都有好处；对我们周围的人来说，笑可以营造愉悦舒适的氛围，把快乐传达给他们。所以，没事多笑笑，有益无害。

佳词美句

嫣然一笑　笑容可掬　手舞足蹈　神采奕奕　适可而止　惬意　面色红润

小则嫣然一笑，笑容可掬，这不过是一种轻微的肌肉动作。

笑的内容，丰富多彩，包括人的一生。

笑，你是嘴边一朵花，在颈上花苑里开放。

阅读思考

1. 人为什么要笑？
2. 笑是怎么产生的？
3. 你平时是个爱笑的人吗？

痰

请看历史的一幕："清康熙六十一年，帝到畅春园……病症复重……御医轮流诊治服药全然无效，反加气喘痰涌……翌日晨……痰又上涌格外喘急……竟两眼一翻，归天去了。"

我这篇科学小品就从这里开始。

痰是疾病的罪魁，痰是死亡的魔手，痰是生命的凶敌，痰使肺停止了呼吸，痰使心脏停止了跳动，多少病人被痰夺去了生命。

人们常说："人死一口痰。"实际上不是一口，而是痰堵塞了肺泡、气管，使人缺氧、窒息，翻上来、吐不出的却只是那一口痰。

从宏观来看，痰的外貌是一团黏液。从微观来看，痰里有细菌、病毒、细胞、白血球、红血球、盐花、灰尘和食物的残渣。痰就是这些分子的结合体。

感冒、伤风、着凉是生痰之母，是生痰的原因。

气管炎、肺气肿、肺心病是痰的儿女，是生痰的结果。

咳嗽是痰的亲密伙伴，喷嚏是痰的急先锋，而哼哼则是痰的交响乐。

有了痰就会产生炎症，有了痰就会体温升高，这就导致急性发作或慢性迁延。

有了痰后应该积极进行治疗。自然首先是要服药，服中药中的化痰药：去痰合剂、蛇胆陈皮末、竹沥和秋梨膏。服西药中的化痰药：氯化铵、利嗽平，包括消除炎症的土霉素、四环素、复方新诺明等药。一旦服药无效，情况严重，还要输液打针。常用的就是：青链霉素、庆大霉素、卡那霉素，必要时还要动用先锋霉素，当然，这要视是哪一种病菌在作怪而定。

阅读笔记

名师解读

有了痰就应积极治疗。作者从中国传统医学到现代医学，为我们提供了很多治疗方法，作者展现出了丰富的医学知识，令人不禁为其知识的广博而叹服。

防患于未然，则事半功倍。治疗的目的是解决问题，但是如果能在一开始就杜绝问题的发生，岂不更好？想要没有痰，我们就要在平时注意预防，作者在这里普及了几种预防办法，需要我们认真学习。

然而，治莫过防；防患于未然，则事半功倍。怎样做到事先预防呢？第一，要预防感冒，小心不要着凉。传染病流行季节，不要到大庭广众中去。天气变凉时，要勤添衣服注意保暖。第二，一定要把痰吐在痰盂或手帕里。这一社会公德是为了避免病菌在广阔的空间漫游，产生更多进入人体的机会。不吸烟的人，不要去沾染恶癖。吸烟的人，一定要戒掉这生痰之“火”，否则，当你的生命进入中老年时期，就会陷入“喘喘”不可终日之中。

吸痰器也是人类和痰作战的有力武器。服药化痰固然是好，但光化不吸也是枉然。吸痰器的功能，就是要把痰从肺泡和气管中抽出来。自从有了吸痰器之后，老年人就不再愁患痰堵之苦。在有条件的情况下，甚至出外旅行也可以带着它走。

我希望在城市的每一条街道，在农村的每一个生产队，都备有这种武器，这是老年人的福音，它可以挽救多少条生命——使这些人在晚年的岁月中，为四化建设贡献自己毕生积累的宝贵经验和思想财富。

精简点评

本小节讲到了“痰”，作者详细阐述了痰产生的原因和它对身体的危害，还介绍了治疗和预防的方法。可以看出，作者是一个知识广博、生活严谨、做事细心的人，因此才会去关注和了解这样一件生活“小事”。这种品质值得我们钦佩，更值得我们学习。

佳词美句

罪魁　急先锋　防患于未然　事半功倍　大庭广众　枉然

感冒、伤风、着凉是生痰之母，是生痰的原因。

咳嗽是痰的亲密伙伴，喷嚏是痰的急先锋，而哼哼则是痰的交响乐。

治莫过防；防患于未然，则事半功倍。

阅读思考

1. 痰是什么？
2. 对于痰，有什么治疗措施？
3. 如何预防痰的产生？

梦 幻 小 说

阅读笔记

梦是生活中的一部分，人人都有梦，人人都在做梦，梦的资料浩瀚如烟海。想想看，全世界有多少人？大约有 40 亿人吧！这么多的人，每天夜里都做梦，该有多少梦的故事呀！全部世界史，有多少人？大约总有几万兆人吧！这真像头发丝一样，像夜空的繁星一样，数也数不清。这么多的人，他们的一生几乎每夜都有梦，该有多少梦的史诗呀！这样多的梦，简直要用电子计算机来计算。

梦和幻想是一家，它们的祖宅在大脑皮层。

在大脑皮层，那儿有数不清的神经细胞，都是梦的住所，传达梦的信息，演出梦的传奇。在梦的大家庭里，有记忆、回忆、思想、想象、幻想和虚构。梦首先是记忆的宠儿，没有记忆，就没有梦的存在，即使虚构的梦，也有记忆的基础。

人体器官是梦的办公室，视觉、听觉、嗅觉、触觉和味觉等感官，都是梦的会客室。

比喻

作者生动形象地描绘了梦和人体感官之间的关系，通俗易懂，引人入胜。

梦能看见东西，梦能辨别各种颜色，梦能听见声音，梦能嗅到花香，梦能辨别各种香味。

梦能辨别味道（皮肤也是很敏感的，尤其是手上的皮肤，粗或细、厚或薄、大或小、高或矮，都能摸得出来）。有时睡眠中，闻到食物的香味，便会做起赴宴的美梦。

五脏知梦。肺是梦的窗户，煤气中毒，梦也有预感。胃肠是梦的灶披间[①]，胃肠出了乱子，细菌盗匪窜进灶披间，肚子泻的事就发生了。梦有先兆。心脏像大海，血液如流水，高血压、冠心病，梦都能探听出来。

此处意在说明肠胃不好是因为有细菌进入了肠胃，突出了“五脏知梦”的神奇之处。

---

① 灶披间，方言，即厨房。

阅读笔记

最近，我看了《参考消息》上一篇关于苏联的报道。苏联一医学博士卡萨特金，积累了23700个梦的资料，经过分析得出结论：睡眠中的人的大脑，能够预知正在酝酿的某种病变，而那种疾病往往在几天、几个星期、几个月，甚至几年以后显示其外部症候。做梦能在某种疾病的外部症候尚不明显的时候，就预先告诉人们这种正在酝酿着的病变，而及早发现疾病，防患于未然。

视觉神经，对于来自人体内部的微弱刺激，也很灵敏。任何一个器官或组织的功能失调，它就发出信号，传达到睡眠中的大脑皮层，视觉神经中枢就把这种信息变成形象，引起梦幻。一般地说，这种刺激，往往会幻化成某种我们平时非常熟悉的事物。

卡萨特金的理论，应用范围很广，它不仅可以用作门诊大夫的一个重要参考，而且在刑事案件的审理方面，也得到了应用，取得了良好的结果。

排比

这里强调梦出现的时间、状态的不稳定性，因此具有难以捉摸的特点。

梦有时是短暂的，有时是连续的，有时一瞬即逝，有时是长期的。短暂的梦，只梦一人一事一物，如梦见你的爱人、你的朋友、你的长辈；如梦读书、梦写作、梦结婚；如梦你的玩具、你的红领巾、你的珍贵的礼品。

连续的梦，今天做了这个梦，明天又重演一番；今天做这个梦，隔了几年又接着做；今天梦见这个人，明天又梦见到他。

有的梦是长期的、漫长的，有故事情节。这种梦就是我拟议中的梦幻小说。

排比

列举了不同梦境的内容，引起读者的共鸣。

在梦中，我能和已去世的人在一起；在梦中，我能和死者、幸存者在一起；在梦中，我能和久别的亲友在一起；在梦中，我能和遥远的朋友在一起；在梦中，我曾和毛主席、周总理、朱德总司令握手；在梦中，我愉快地和祖父母、父母、姊妹、弟弟团聚。这是梦不可多得的收获。梦是永恒的。

梦中有回忆，回忆中有梦，梦是有深刻的思想和浓厚的感情的，梦是有丰富的想象力的，梦是有无限的幻想能力的。

梦追忆过去，梦着眼现在，梦憧憬未来。

梦把我带到全世界各个角落去，从白人的国家到黑人的国家，从黄人的国家到红人的国家，环绕地球一周。梦使我飞上太空、深入地底、遨游海洋，多少街道、多少房屋、多少商店、多少城市和乡村，都曾在我梦中出现，我留恋它们，我怀念它们。我现在每天都在记日记，我的日记里，都记载着我每夜所做的梦。我的日记里有梦、梦里也有日记。有的梦记不清了，有的梦忘记了，忘个精光；睡时做梦，醒时忘。日记就是梦的备忘录。

婴儿第一次做梦，就是梦要小便，结果尿炕了。幼儿的梦，梦玩具游戏。儿童的梦，梦临红画画。青春的梦，梦结婚。少女的梦，梦爱情。战士的梦，梦冲锋陷阵。工人的梦，梦机器。农民的梦，梦丰收的喜悦。科学家的梦，梦创造发明。文学家的梦，梦写作成功。诗人的梦，梦写了一首得意的诗作。音乐家的梦，梦知音。美术家的梦，梦作品展出。

在舞台上，在银幕上，在电视屏里，都有梦的插曲。

梦有政治的梦，如梦见国家领导人；梦有教育的梦，如梦见学校生活；梦有军事的梦，如梦见战争的情景；梦有经济的梦，如梦见商品交易所；梦有国际的梦，如梦见出国考察。

短的梦，像短篇科幻小说；长的梦，像长篇科幻小说。梦的结果，有时是正面的，醒时精神抖擞：有时是反面的，丧事变成了喜事，凶就是吉。

梦啊！你属于我，我也属于你；我不能离开你。人不能一日无梦，建设精神文明需要你。你是我们的理想与希望的源泉。

不是吗？人类曾做过多少希望的梦，梦“上九天揽月”；

阅读笔记

排比
内容直观地说明了梦境和现实生活的联系之紧密。

梦“下五洋捉鳖”。而今的运载火箭，登月飞船所行历程，人类所开发的水底资源，不都是“科幻小说”的题材吗？

人类幻想去外星旅行。目前，各国正开创UFO的探索；还记载过有“外星密码”的来电，等等，等等，诸如此类。这不再是什么“梦幻”，而是不太遥远的明天了！

日有所思，夜有所梦。梦是第二精神，梦是社会科学中的一门学科，叫作梦学。梦是一种精神运动，不能离开物质、时间和空间。

解释说明

作者言简意赅地写出了梦的属性。

人类历史上，有许多可歌可泣的梦。例如莎士比亚的喜剧《仲夏夜之梦》；例如《左传》里，梦二竖（两个童子）而病入膏肓；例如《三国志》中，诸葛亮的一首诗“大梦谁先觉，平生我自知”；例如《西游记》中，孙悟空大闹天宫，就是一场梦境；例如《水浒传》中，石碑上一百零八条好汉，也是从梦中得来的；例如《红楼梦》中贾宝玉梦游太虚幻境。此外，还有榴花梦、桃花梦等，诸如此类，不胜枚举，恕我不多唠叨了。

精简点评

每个人一生中所做的梦是很难数清的，梦境的内容也会随着年龄的增长、生活环境的变化等而发生改变。在这一节中，作者不仅从科学的角度介绍了“梦”，还把梦引申到了精神生活层面，升华了文章主旨。梦，真是一种神奇而又伟大的精神运动。

佳词美句

浩瀚如烟海　日有所思，夜有所梦　可歌可泣　病入膏肓　不胜枚举

梦能看见东西，梦能辨别各种颜色，梦能听见声音，梦能嗅到花香，梦能辨别各种香味，梦能辨别味道。

梦有时是短暂的，有时是连续的，有时一瞬即逝，有时是长期的。

梦追忆过去，梦着眼现在，梦憧憬未来。

阅读思考

1. 什么是梦？
2. 梦有什么特点？
3. 你经常做梦吗？其内容有没有共同点？

读 后 感

（一）

最近我看了《细菌世界历险记》这本书，它是中国著名科普作家高士其先生所写。这本书语言生动活泼、幽默诙谐，读来十分有趣。然而，可能很多人都想不到，这本书是高士其先生在由甲型脑炎病毒导致全身瘫痪的情况下，忍着剧痛完成的！

这本书主要讲了在我们的周围，生活着一个庞大的家族，这个家族成员众多、类型各异，但是我们却看不到它们，它们就是细菌。以前我认为细菌都是反面角色，会给人类带来疾病，甚至死亡。但是看了这本书以后，我知道了细菌并不都是坏的，还有很多对我们有益的好细菌。

为了让读者更好地了解细菌，高士其先生别出心裁，以细菌为视角，用第一人称的讲述方式将读者带入充满神秘色彩的“微型大世界”，引领读者一睹平时非常容易被忽略的“朋友”——细菌们的风采。细菌可以分为七大类：放线菌、丝菌、枝菌、球菌、杆菌、弧菌和螺旋菌。

细菌很喜欢在人的身体里生存，因为人的肠胃可以提供大量的营养给它们。高士其先生把我们身体比喻成细菌们的“大菜馆”：口腔是切菜间，唾液是自来水，牙齿是菜刀和石磨，舌头是会活动的地板；胃是厨房，上方会流出胃液，这是一种腐蚀性液体，能将不听话的细菌淹死；接着是小食堂和大食堂，也就是小肠和大肠，里面的细菌非常多；最后是倒垃圾的地方，很多细菌都是从那里出去的。现在，我的肚子里就有一大群细菌“喝酒划拳，逍遥自在”呢。

读完这本书，让我对细菌有了更新和更深的认识，让我了解了一群与众不同的

“小朋友”，可惜我看不见它们。我也知道了，对于细菌中的坏家伙，我们一定要注意个人卫生，这样才能防止它们有机可乘。

（二）

《细菌世界历险记》这本书由科学童话、科学小品、科学趣谈三个部分构成。经过和同学们的交流，我发现大部分同学都对科学童话感兴趣。但是，今天我想聊一聊其他两个部分——科学小品和科学趣谈。

科学小品介绍了细菌们的“衣食住行”、形态等内容，以及它们与人类、土壤之间的关系，穿插了一些关于人类感官的话题。在这个部分，作者运用了大量的拟人修辞手法为阅读增添了很多乐趣，让我能够在轻松愉快的氛围中学习到课本中没有的知识，丰富自己的课余生活，还了解了一些其他人不知道的小秘密。读完这个部分，我最大的感受是我们既不能把细菌“妖魔化”，也不能疏于对细菌的防范。在生活中，我们一定要注意个人卫生，不给坏细菌伤害我们的机会，做一个健康的人。

在科学趣谈这个部分，作者为我们讲述了一些有趣的科学现象和原理。在我眼中，科学知识都是深奥难懂、乏味枯燥的，可是作者巧妙地运用通俗、生动的语言，让我体会到了学习科学知识的乐趣。因此，我非常佩服作者深厚的文学功底和强大的文字驾驭能力。当然，作者的写作方式活泼，但他的逻辑非常清晰，论述非常透彻，我觉得这离不开他广博的知识储备，这正是我需要学习的地方。

这部书集科学性、文学性于一体，见解独特、妙趣横生。读完这本书后，我对它的作者产生了好奇，一查才知道，作者在实验中遭受了不幸，身体受到了非常严重的伤害，但他还是坚持完成了许多科普著作。这不禁让我想到了《钢铁是怎样炼成的》的作者奥斯特洛夫斯基，他因为疾病全身瘫痪。对于这些作家的不幸遭遇，我感到惋惜，但也会想，这也算“福祸相依”吧！因为和病魔作斗争，最好的办法就是转移注意力，全身心地投入到一件事中去，因此才有了伟大作品的诞生。

考点透视一

一、填空题

1. 细菌的体积是苍蝇眼睛的________，是非常微小的一粒灰尘的__________。

2. 细菌属于____________植物。

3. 温度在____________℃时，细菌最为活跃。当温度达到____________℃以上时，细菌就会死亡。

4. 人类最初发现细菌是在公元____________年，发现者是____________的一位制作____________的老人。

5. 细菌化解废物，靠的是________的本领、__________的技能和__________的特长。

6. 细菌本是土壤里的__________，大地上的____________，它们__________，____________，把废物变成有用的物质。

7. 生物细胞中包含________、_________、_________、_________、_________、__________六种成分。

8. 细菌的细胞中有一个“法宝”，它的名字是__________。

9. 霉菌中常见的有________、________、________、________、________。

二、问答题

1. 为什么人类在17世纪就发现了细菌，却等到19世纪才重视起来？

____

____

____

2. 细菌在小塔里的生活是怎么样的？

____

3.“清除腐物”和酵素之间是怎样的关系？

____

____

____

考点透视二

一、填空题

1. 不同的味道由舌头的不同部位来感受，__________感受甜味，__________感受咸味，__________感受酸味，__________感受苦味。

2. 人的皮肤上会长疖子，疖子里面有白色的脓液，这种脓液是____________和__________“混战”所产生的。

3. __________、__________、__________这三种病菌对人体的伤害比较大。

4. 细菌有一层外衣，叫作__________。

5. 导致胃病患者的胃部发生阵痛的细菌是__________、__________。

6. 脑膜炎的“凶手”是“____________”。

7. 战争是时疫的____________。

8. “苹果落在地上了，江河的潮水一涨一退，天空星球在转动，也都为着地心的吸力。”这句话是____________说的。

9. 细胞的本能是____________和____________。

10. 在动植物身上寻出的有机氮化物叫作____________。

二、问答题

1. 耳朵的结构是怎样的？

____

2. 为什么说“强者大者不必自鸣得意，弱者小者毋庸垂头丧气”？

3. 什么是疟虫的“两寄”？

考点透视三

一、填空题

1. 最纯洁的水是人工制造的__________。

2. 一般说来，__________的水比________的水干净，__________、________比江河的水干净，雨水又比地面的水干净。

3. 江河的水处理后，难免会有一些微小的污浊物沉不下去，这时就需要用__________和__________的方法来清除。

4. 对于漏网的细菌，可以使用__________和__________法。

5. “白色的金子”指的是__________，“夏天的纤维”指的是__________，“纤维皇后”指的是__________。

6. 吸过滤嘴烟的人的血液中，一氧化碳的含量比吸普通烟者高出__________。

7. 笑是一种复杂的__________作用，其发生的大致过程是：外界的笑料变成__________，通过感官传入大脑皮层，大脑皮层立刻指挥肌肉或一部分肌肉动作起来。

8. 人们常说“人死一口痰”，其实真正导致人死亡的原因是痰堵塞了________、__________，使人__________、__________。

9. 大脑皮层有数不清的神经细胞，是梦的______。人体器官是梦的________，视觉、听觉、嗅觉、触觉和味觉等感官则是梦的__________。

10. 梦是一种__________，不能离开物质、时间和空间。

二、问答题

1. 氯气是什么？

____

____

2. 经过清洁处理的水是怎样输送到各家各户的？

____

____

____

参考答案

考点透视一

一、填空题

1. 一千分之一 一百分之一 2. 寄生 3. 37 100 4. 1675 荷兰 显微镜 5. 发酵 分解蛋白质 溶解脂肪 6. 劳动者 清道夫 除污秽 解固体 7. 蛋白质 糖类 脂肪 水 无机盐 活力素 8. 酵素 9. 头状菌 根足菌 曲菌 笔头菌 念珠状菌

二、问答题

1. 因为在17世纪时，欧洲学者认为细菌只是“科学的小玩意，只在显微镜上瞪瞪眼”。而到了19世纪，人们才意识到了细菌的重要性。

2. 细菌白天黑夜都待在小塔里，吃饱了就懒洋洋地躺在牛肉汁里，十分舒适。

3. 每一种蛋白质、糖类、脂肪，甚至是每一种有机物，都需要特殊的酵素来分解。所以，酵素的种类很多，有水解的酵素、氧化的酵素、复位的酵素……同时，腐物无所不包，所以清除腐物这个大工程就需要全体细菌团结一致地去完成。

考点透视二

一、填空题

1. 舌尖 舌底 舌的两旁 舌根 2. 黄葡萄球菌 白血球 3. 丹毒链球菌 麻风杆菌 淋球菌 4. 荚膜 5. 八叠球菌 寄腐杆菌 6. 双球菌 7. 导火线 8. 牛顿 9. 吸收养料 分身 10. 蛋白质

二、问答题

1. 耳翼里面那条黑暗的小弄叫耳道，耳道的终点有一个圆膜的壁，叫耳鼓。耳鼓是接收音波、传达音波的器官。耳鼓膜还不到 0.1 毫米厚，却分为三层：外层是一层皮肤似的东西，内层是一层黏膜，中间是一层接连组织。它的形状有点像一个浅浅的漏斗，但是凸起的尖端不在正中央，略略偏于下面。

2. 因为强者大者不一定处于优势，而弱者小者不一定处于劣势。比如，恐龙、巨象等体形庞大的生物，因为自然界供养不起，很早的时候就绝种了；现在以鲸鱼为最大，但并不常见；老虎居住在深山中，奔波终日都不一定能捕猎成功，吃了上顿没下顿。而蚂蚁虽小，却能够通过勤劳与分工合作来获得生存所需。可以说，生物愈小，得食愈易。

3. 疟虫的"两寄"一是寄生于人身，一是寄生于蚊身。

考点透视三

一、填空题

1. 蒸馏水　2. 上游　下游　井水　泉水　3. 凝固　过滤　4. 空气澄清法　氯气消毒　5. 棉花　苎麻和亚麻　蚕丝　6. 20%　7. 神经反射　信号　8. 肺泡　气管　缺氧　窒息　9. 住所　办公室　会客室　10. 精神运动

二、问答题

1. 氯气是一种有毒的绿黄色气体。在一百万份水里加进四五份液体氯，对人体和其他动物无害，却可以完全消灭细菌。

2. 由于受到地心引力的影响，水都是从高处流向低处的，所以人们把蓄水池和水库建在高地上，利用地心引力进行输送。如果水源是井水和泉水，就必须用抽水机把水抽送到水塔里，水塔一定要高过附近所有的建筑物。